家重点研发计划"智能传感器"重点专项资助项目（项目号：2022YBF3206900）
家自然科学基金"长江经济带小水电河流生态系统完整性评估监测与修复"资助项目（项目号：U2240212）

水库湖沼学：
生态学的观点

［美］Thornton K.W. ［美］Kimmel B.L. ［美］Payne F.E. **著**

姜昊 彭期冬 陆波 常洙 等**译**

薛联芳 林俊强 **审校**

中国水利水电出版社
www.waterpub.com.cn
·北京·

内 容 提 要

水库生态系统因其形成和运行方式的差异而表现出与河流和湖泊生态系统不同的特性，如水文、水温、水生动植物等。深入了解这些特性将有助于提升水库的科学管理水平。本书从生态学角度出发，详细阐述了水库生态系统的各种特征，为水库科学调度和综合管理提供了生态学意义上的参考。

图书在版编目（CIP）数据

水库湖沼学：生态学的观点 / （美）肯特·索顿，（美）布鲁斯·吉米尔，（美）福雷斯特·佩恩著 ；姜昊等译. -- 北京 ：中国水利水电出版社，2022.4
　　书名原文：Reservoir Limnology :Ecological Perspectives
　　ISBN 978-7-5226-1124-2

　　Ⅰ. ①水… Ⅱ. ①肯… ②布… ③福… ④姜… Ⅲ. ①水库－生态学－研究 Ⅳ. ①TV697

中国版本图书馆CIP数据核字（2022）第216855号

北京市版权局著作权合同登记号　　图字：01－2022－2324号
审图号：GS京（2022）0875号

书　　名	**水库湖沼学：生态学的观点** SHUIKU HUZHAOXUE：SHENGTAIXUE DE GUANDIAN
原 书 名	Reservoir Limnology：Ecological Perspectives
原著编者	［美］Thornton K. W.　［美］Kimmel B. L.　［美］Payne F. E.　著
译　　者	姜昊　彭期冬　陆波　常诉　等 译
审　　校	薛联芳　林俊强
出版发行	中国水利水电出版社 （北京市海淀区玉渊潭南路1号D座　100038） 网址：www.waterpub.com.cn E - mail：sales@mwr.gov.cn 电话：（010）68545888（营销中心）
经　　售	北京科水图书销售有限公司 电话：（010）68545874、63202643 全国各地新华书店和相关出版物销售网点
排　　版	中国水利水电出版社微机排版中心
印　　刷	北京印匠彩色印刷有限公司
规　　格	170mm×240mm　16开本　11.5印张　225千字
版　　次	2022年4月第1版　2022年4月第1次印刷
定　　价	**150.00 元**

主要编写人员

Thomas M. Cole
密西西比维克斯堡美国陆军工程兵团水系试验站环境实验室

Dennis E. Ford
阿肯色州小石城 FTN 联营公司首席水文学家

Herbert H. Hannan
西南得克萨斯州立大学生物系水生生物实验站西南

Robert H. Kennedy
密西西比维克斯堡美国陆军工程兵团水系试验站环境实验室

Bruce L. Kimmel
田纳西州橡树岭国家实验室环境科学司

Owen T. Lind
得州韦科贝洛尔大学生物系和环境研究中心

G. Richard Marzolf
塔基默里墨瑞州立大学汉考克生物站

W. John O'Brien
堪萨斯大学生态学与系统科学系

Larry J. Paulson
内华达大学生物与湖泊研究所

Kent W. Thornton
阿肯色州小石城 FTN 联营公司首席系统生态学家

William W. Walker
马萨诸塞州康科德环境工程师

Robert G. Wetzel*
密歇根州立大学生物系

* 现地址：亚拉巴马州塔斯卡卢萨县阿拉巴马大学生物系

　　《水库湖沼学：生态学的观点》一书的中文译本终于要出版了。在决定翻译这本书之前，译者作了一番思想斗争：由卡尔夫（Jacob Kalff）编著的《湖沼学：内陆水生态系统》（*Limnology：Inland Water Ecosystems*）在湖沼学界早已经是煌煌巨著，并由国内外湖沼学的著名学者翻译，其中也含括了水库生态系统的相关内容，因此，我们还有必要花费精力、组织人力再去翻译一本专门与水库湖沼学有关的论著吗？

　　但是，在细读了 Kent W. Thornton，Bruce L. Kimmel 及 Forrest E. Payne 编写的《水库湖沼学：生态学的观点》（*Reservoir Limnology：Ecological Perspectives*）之后，译者打消了这个疑问。这是一本研究合集，参与编写的 12 名作者研究背景和工作背景各异，几乎涉及水库生态学研究和管理的全部专业，既有来自于大学和实验室居庙堂之高的前沿性研究，也有结合工程实践处江湖之远的实用性研究。总的来说，这本书内容偏向于实际运用，侧重多学科的融合，很适合现今的水库生态学研究和管理。全书分为 9 章，分别从水库的物理、化学、生物学的角度，以独立篇章的方式，简单又深刻地阐述了水库湖沼作为一个特殊的半自然、半人工、强变化、渐融合的生态系统，在生态学方面的独特价值和意义。同时，本书还介绍了多个美国水库湖沼生态系统的实际案例。因此，无论是在数据还是在方法展示方面，均有很大的学术及实践的参考价值。

　　我国是水库建设的大国和强国，但由于水库的建设时间相对较短，在过去相当一段时间对生态环境的保护重视程度有所欠缺。因此我国水库生态学的研究亟待系统、完整的梳理。随着我国经济的飞速发展，生态文明建设也日趋完善，水库生态学研究以及基于此类研究的科学管理重要性凸显。因此，了解其他国家水库湖沼学的研究方法，审视其他研究团队展示的水库湖沼生态系统演变的过程和实际数据，对更好地、有针对性地开展我国的水库湖沼生态系统的保护意义重大。

本书在翻译过程中，得到了水电水利规划设计总院副院长顾洪宾和生态环境部常仲农二级巡视员的指导和帮助，在此一并表示感谢。

全书分为9章，由姜昊和彭期冬统稿。第1章、第2章、第9章由姜昊、陆波、常诶翻译；第3章、第7章由张爽、尹婧翻译；第4章由彭期冬、靳甜甜翻译；第5章由靳甜甜、林俊强翻译；第6章由张迪、刘雪飞翻译；第8章由林俊强、彭期冬翻译；全书由薛联芳和林俊强校核。

本书适合于从事水电水利工程生态环境保护规划、设计、管理、研究工作的相关人员阅读。

限于译者水平，翻译难免存在错误，恳请各位读者指正！

译　者

我们承担本书编辑任务的初衷在于解决三方面的问题：

首先，水库是相对比较新的湖泊系统，但尚未得到深入的湖泊学或生态学研究。水库建设的历史至少可以追溯到公元前400—前300年，而美国大多数水库成库时间尚未超过60年。此外，水库属于工程设计系统。科学家们倾向于研究自然的现象、过程以及系统，而工程技术人员则关注设计和控制过程以及系统。水库系统有其复合功能，如居民生活用水、工业用水、灌溉用水、航运蓄水、发电用水、休闲娱乐用水以及景观用水等，都需要科学界对水库提高关注度，这将有助于更深入地理解水库功能，同时也将对水库的科学管理大有裨益。正如在本书中通篇提到的那样，掌握水库的区域学特性对水库的科学管理有很大意义。

其次，过往的水库研究显示出太多的区域性。这部分由于传统的认识是每个水库都是一个相对独立的系统，从其他系统获得借鉴的可能性微乎其微。但实际情况是，大家都不否认，无论是水库抑或湖泊生态系统，都有其独特之处，然而，也应该看到，水库生态系统还是能够发展出几个具备一定共性的模式的。在第9章里，Robert G. Wetzel 介绍了一些水库和湖泊系统的差异。

最后，水库系统是一个有吸引力的、充满挑战且令人激动的研究对象。水库系统往往由两三个高度互相影响的生态系统组成，它既包含了库尾段的河流态生态系统，也包含了靠近大坝的缓流湖泊生态系统。正如其他的许多复合系统一样，水库系统也展现出许多复合特性。深入理解水库湖泊学需要开展跨学科的研究，关注相互作用。水库系统是一个需要由水力学、水文学、水动力工程学、微生物学、深水生物学、浮游动物学、鱼类学、水生生态学等学科的科学家和研究人员共同开展多学科交叉研究的系统。环境问题需要跨学科的解决方案，单一学科及规律很难解决这些问题。通常，我们在解决一个问题的时候，往往习惯将这个问题的边界束窄，由此就可以给学生们一个基于简单规律的相对明确的答案。学生们带着这些简单逻辑走上各种各样的工作岗位，他们面对的现实问题往往很难用这些简单逻辑去回答。我们认为，适当的束窄研究边界是必要的，但是，在这本书里，我们尽量地拓展研究边界，使之包含多学科互相作用，也力图使水库系统的研究更加贴近实际。

这本书更倾向于工程之用，而不是作为一本教科书，其实，我们更希望成为一本提供各学科专家讨论的辅助书，譬如，成为湖泊学、水库湖泊学，以及工程师之间开展持续对话的基础。

目录

译者的话

前言

第1章　水库湖沼学的观点 ……………………………………………… 1

1.1　模式 …………………………………………………………………… 1

1.2　地质模式 ……………………………………………………………… 1

1.3　宏观模式 ……………………………………………………………… 6

1.4　中尺度模式 …………………………………………………………… 7

1.5　微观尺度 ……………………………………………………………… 8

参考文献 …………………………………………………………………… 9

第2章　水库输送过程 …………………………………………………… 11

2.1　输送机制 ……………………………………………………………… 11

2.2　分层和势能 …………………………………………………………… 13

2.3　气象驱动力 …………………………………………………………… 19

2.4　入流 …………………………………………………………………… 20

2.5　出流和水库运行 ……………………………………………………… 23

2.6　结论 …………………………………………………………………… 26

参考文献 …………………………………………………………………… 26

第3章　沉积过程 ………………………………………………………… 29

3.1　流域特征与沉积运输过程 …………………………………………… 29

3.2　沉积模式 ……………………………………………………………… 33

3.3　启示 …………………………………………………………………… 38

3.4　思考 …………………………………………………………………… 43

参考文献 …………………………………………………………………… 43

第4章　溶解氧动力学 …………………………………………………… 48

4.1　水库中溶解氧分布影响因素 ………………………………………… 48

4.2　水库恒温层耗氧的一般模式 ………………………………………… 52

4.3　纵向耗氧通用模式的变化 …………………………………………… 57

　4.4　结论与启示 ·· 66

　　参考文献 ·· 67

第 5 章　水库营养动力学 ·· 73

　5.1　负荷 ·· 73

　5.2　内部过程 ·· 74

　5.3　水库调度 ·· 83

　5.4　总结 ·· 84

　5.5　经验模型的含义启示 ·· 84

　　参考文献 ·· 85

第 6 章　水库初级生产力 ·· 89

　6.1　水库初级生产者和控制初级生产的环境因素 ······························ 90

　6.2　水库梯度对浮游植物生产量的影响 ·· 101

　6.3　浮游植物的光抑制 ··· 109

　6.4　异养型水库浮游生物 ··· 109

　6.5　浑水入流和水库浮游植物的生产量 ·· 110

　6.6　经验模型和水库生产力 ·· 111

　6.7　梯级水库系统浮游植物的生产力 ··· 114

　6.8　结论 ·· 120

　6.9　致谢 ·· 120

　　参考文献 ·· 121

第 7 章　浮游动物生存的环境：水库 ·· 139

　7.1　水库和自然湖泊存在着差异，会对浮游动物产生重要影响 ·········· 140

　7.2　如何建立资源梯度，这些资源梯度如何控制浮游动物的种群密度？ ····· 141

　7.3　资源的性质 ··· 142

　7.4　悬浮沉积物对浮游动物摄食率和存活率的影响 ·························· 144

　7.5　水库浮游动物分布的资源模型 ·· 145

　7.6　致谢 ·· 147

　　参考文献 ·· 147

第 8 章　水库湖沼学中的鱼类视角 ··· 150

　8.1　成功产卵的影响因素 ··· 151

　8.2　仔鱼和稚鱼存活的影响因素 ··· 152

　8.3　鱼类摄食的影响因素 ··· 153

　8.4　浊度对水库鱼类摄食的影响 ··· 156

8.5　水库中的鱼产力 ································· 157

　　参考文献 ································· 159

第9章　水库生态系统：总结与思考 ································· 163

9.1　水库与天然湖泊的差异与相似性 ································· 163

9.2　进一步思考 ································· 169

9.3　致谢 ································· 169

　　参考文献 ································· 170

第1章　水库湖沼学的观点

KENT W. THORNTON

我们现有的很多湖沼学知识源于经典的湖泊学研究，例如，门多塔湖、林赛塘、温德米尔湖、劳伦斯湖等湖泊学研究中最负盛名的湖泊。静水系统的结构、功能以及响应在《湖泊学专著》（Hutchinson，1957；1967）、《湖泊学基础》（Ruttner，1963）以及《湖泊学》等论著里多有描述。整体上来说，以往水库被认为是湖泊的一种，在 Hutchinson 1957 年的湖泊分类系统中，被认为是第 73 种湖泊类型。多数水库湖沼学的研究与湖泊学的研究方法类似，而水库研究的结果也基于传统湖泊学背景进行解释。

湖泊经历了漫长的地质时代而形成，而水库是人工设计出来的，因此，一个重要的假说是

假设　　　　　　　　　　　湖泊＝水库

显然，在天然湖泊和人工水库中都存在着诸如液体的内部混合、水气界面的气体交换、氧化还原作用、营养水平提升、捕食-被捕食关系、初级生产力以及植物呼吸等过程。然而，由于湖泊和水库的强迫函数或驱动变量的大小和相位可能不相同，系统的响应可能不同。正确管理我们未来的水资源要求我们回顾湖泊和水库的反应，推测潜在的差异，并发展假说来解释这些潜在的差异。

1.1　模式

水库和水库响应的研究是对地质、宏观和中尺度模式的研究。地质模式包括地质、气候学和地理学的差异。宏观模式出现在流域层面，包括流域水文、地形和天气模式的差异。中尺度模式发生在个别的水库层面，并受水文、形态计量学和气象学的影响。这些梯度形成一个高度交互的层级，从地质层级到中尺度层级，并影响水库的湖泊效应。

1.2　地质模式

美国的湖泊和水库的分布对这些系统的湖泊效应有着重要的影响。天然湖

泊和工程兵团建造的水库的分布比较表明了湖泊的双峰分布，在基本情况下，湖泊分布最小值处为水库最大值的单峰分布（见图 1-1）。大多数湖泊出现在美国的冰川化部分，次要模式以佛罗里达的溶解湖为代表。大部分水库分布在美国的东南部、中部、西南部和西部。少量的次要模式的水库分布在纬度大约 45°处，以密苏里河和哥伦比亚河流系统的水库以及一些较小的新英格兰水电项目为代表。水库通常被建造来用于蓄水（如防洪、供水、灌溉、水力发电）或建在天然供水不足的地方，即水库是在湖泊不存在或不丰富的地方建造的。

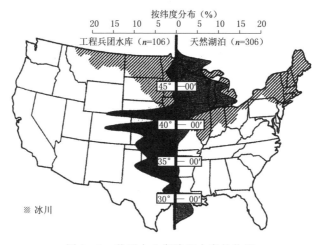

图 1-1　美国本土湖泊和水库的位置

地质的差异同样影响着湖泊和水库的水质。美国大平原地区和西部溪流的总溶解固体（TDS）浓度明显高于美国东部溪流（见图 1-2）。溪流总溶解固体的分布与许多水库的分布重叠，因此许多水库的溶解性总固体浓度较高。

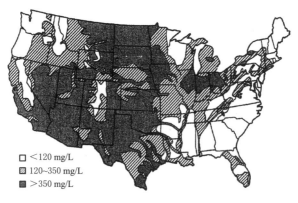

图 1-2　美国本土河流的总溶解固体浓度

一般而言，位于天然湖泊占主导地理区域的溪流的悬浮固体（SS）浓度远低于主要水库区的溪流和河流（见图1-3）。这对光的穿透和水的透明度，营养和污染物运输以及生产力具有重要的影响。

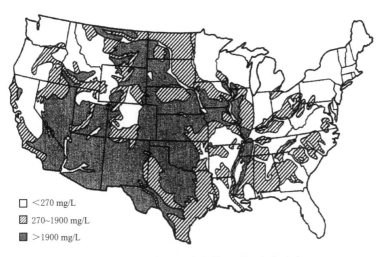

□ <270 mg/L

▨ 270~1900 mg/L

■ >1900 mg/L

图1-3 美国本土河流中的悬浮沉积物浓度

气候的差异也导致了水的模式上的差异。降雨-蒸发相互作用把美国分为两个区域。在美国的东部区域，降水量超过蒸发量，水量普遍充足，湖泊普遍存在（见图1-4）；在美国的西部区域，蒸发量超过降雨量，水量通常稀缺，水库普遍存在（见图1-4）。

■ 降雨>蒸发

□ 蒸发>降雨

图1-4 水平衡指示降雨量超过蒸发及相反区域

地质、气候学和人口分布的相互作用也导致水的模式的差异。工业和公共用水量在美国东部和南部最高，而灌溉用水量在美国西部和西南部最高（见图1-5、图1-6）。水电的开发一般是在美国东北、西北和田纳西河流域最高（见图1-7）。

湖泊和水库的分布与这些地质，气候和地理模式相结合意味着湖泊和水库在湖沼学响应上的潜在差异。

图1-5 美国本土公共和工业用水

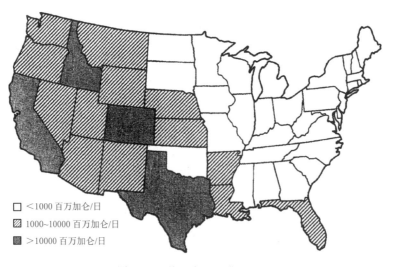

图1-6 美国本土的灌溉取水

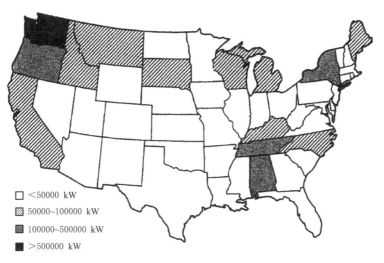

图 1-7 美国本土水电开发

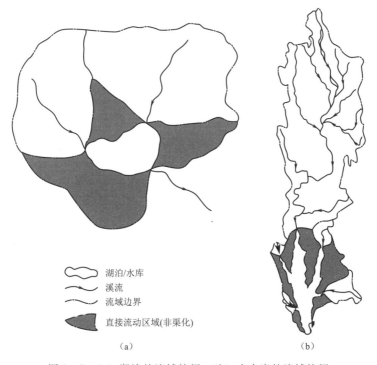

图 1-8 (a) 湖泊的流域特征;(b) 小水库的流域特征

1.3　宏观模式

嵌套在地质层面中的是发生在流域层面的模式。在地质、土壤协会、土地利用、气候模式和水文等方面都存在着影响水库湖泊学的非均质性。在流域内，这些相同的因素也会影响湖泊，那么为什么这两个系统的反应会不同呢？

许多溪流和一些主要河流起源于源头湖泊，这是许多冰川湖的特征。例如，密西西比河起源于许多冰川湖泊。这些湖泊通常具有相对圆形的流域，并且在湖的周边具有相对均匀的流入分布 [见图 1-8 (a)]。然而，水库通常位于流域的排水口或基部附近。至少位于溪流水源下方相当远的距离。因此，水库的水源成为流域的焦点 [见图 1-8 (b)]。水库可能只接收来自邻近流域的直接径流总流量的一小部分，其中大部分水、养分和沉积物负荷从距离大坝相当远的一个或两个主要支流进入。

沿河流域的多个水库也产生了独特的水库水质梯度（Pickett and Harvey，1988）。科罗拉多州、哥伦比亚、密苏里州、田纳西州和怀特河系统就是多个水库串联的流域的例子。Walker（1981）用 Carlson（1977）营养状态指数（I_P，I_T，I_B）分别表达了白河流域系统四个水库（比弗湖、泰布尔罗克湖、丹尼科莫湖、布尔肖尔斯水库）的表面总磷、透明度和叶绿素 a 的值（见图 1-9）。比弗湖中从水源到大坝的 IP、IT 值的稳定下降反映了沉积过程，这三个指数一直到大坝处才收敛。这些指数在下游系统中很好地吻合。所有指数的增长在下游系统中相当合理。泰布尔罗克湖所有指数的增高是由一个主要点源造成的。除了丹尼科莫湖之外，其他三个项目都是深层水电站，可以进行热分层。丹尼科莫湖中叶绿素 a 指数的降低可能反映了泰布尔罗克湖低温释放冷水的影响，因为丹尼科莫湖的地表水温大致与泰布尔罗克湖的释放温度（约 15℃）相匹配（Walker，1981）。丹尼科莫湖 7 天的水停留时间可能不足以使水温变暖和浮游植物的驯化（Walker，1981）。布尔肖尔斯水库的指数变化反映了沉积过程。

科罗拉多河水库表现出类似于白河的响应。鲍威尔湖水库上游的沉积速率、磷浓度和生产力都很高，并且沿下游减少直到大坝处（Gloss et al.，1980）。米德湖上游的鲍威尔湖水库建设大大减少了进入米德湖上游流域的磷负荷（Paulson and Baker，1981）。位于米德湖下游的莫哈维湖接受米德湖持续保持在 11～14℃ 之间的低温排放，并且在一年中的大部分时间里都是以潜流通过莫哈维湖（Priscu et al.，1981）。这种低温的潜流显著降低了莫哈维湖上游的下层滞水带缺氧现象（Priscu et al.，1981）。

沉积物、营养物质和温度梯度可能只是在多水库系统中存在的其中几个梯

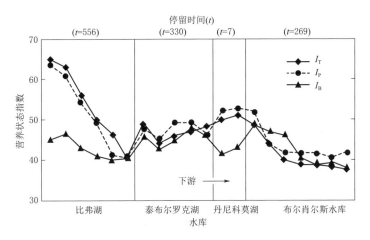

图 1-9　白河流域、阿肯色州、密苏里多个水库的营养状态指数
I_P，I_T，I_B 是透明度，总磷，叶绿素 a

度。在流域水平上的湖泊学研究很少，并且需要更多的研究来定义和理解通过
多水库运行而发生的水动力、化学和生物相互作用。

1.4　中尺度模式

嵌套在地质和宏观层面的是在单个水库层面发生的模式。有关水库以及大
多数水生系统的大部分信息都可在单个系统上获得。虽然本书的其余部分将讨
论水库湖泊学的具体方面，但水库中的纵向模式为湖泊学过程和水库系统响应
提供了重点（Kennedy et al.，1982，1985）。

启发式模型用于描述水库纵向模式的发展。沿河流入大坝的水流连续体发
生这些纵向梯度，建立了三个具有独特物理、化学和生物特性的不同区域
（Thornton et al.，1981）。这三个区域是河流区域、过渡区域和湖泊区域（见图
1-10）。

河流区域相对狭窄且混合良好，虽然流速在下降，但平流力仍足以输送大
量较细的悬浮颗粒，如淤泥、黏土和有机颗粒（Gordon and Bekel，1985）。光
穿透极小并且通常限制了初级生产力。有氧环境得以维持是因为河流区域通常
很浅并且混合良好，即使异地有机物的降解经常产生显著的需氧量。

显著的沉降过程在过渡区发生，随后光穿透增加（Kennedy et al.，1982）。
根据流态，光穿透可逐渐或突然增加。在过渡区混合层内的某一点，应在有机
物生产和加工之间达到补偿点。除此之外，混合层内原生有机物质的生产开始
占主导地位。

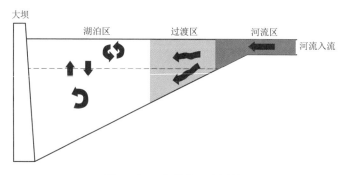

图 1 - 10　水库的三个区域

　　湖泊区是湖泊系统的特征（见图 1 - 10）。无机颗粒的沉降很少，光穿透足以促进初级生产，具有营养限制的可能性，并且有机物的产生超过混合层内的加工。在大气象锋通过时，内部的湖面波动或风混合可能发生可溶性金属和潜流水，颗粒和营养物的夹带。由于潜流或底部回流，下层水混合在水库中可能更广泛。底部回流可以去除潜流水和营养物质，并可能促进中间或潜流水进入下层滞水带的运动。然而，这些中尺度模式是嵌入式微尺度梯度水平的突现性质。

1.5　微观尺度

　　在湖泊学研究中有第四个层面——测量水平或微观尺度。湖泊和水库中的过程相似，即对流混合、氧化还原反应、初级生产力和捕食者相互作用，并且在两个系统中使用类似的测量技术，如热敏电阻串、氧探针和 ^{14}C 孵育。当在水柱中测量诸如温度和溶解氧（DO）的各种成分时，湖泊、水库或河流系统特征被掩盖。例如，在不知道正在研究哪个系统的情况下，实际上不可能将浅湖中的 DO -水深关系与从河流中的 DO -水深关系区分开。然而，解释这些数据，理解系统响应，并将其放置在适当的背景和视角中，发生在中尺度水平，或高于测量水平的一个尺度。如果知道它是湖流和湖泊，那么对 DO 与水深数据的解释可能有很大的不同。同样，要理解为什么湖泊或水库对各种水文气象和湖泊作用作出反应，需要了解该特定系统的特征。湖泊和水库不一定是水生生态系统的同义词。虽然一些湖泊和水库的响应可能会相似，但在解释系统响应时考虑特定的系统特征是很重要的。正如 Baxter（1977，1985），Goldman 和 Kimmel（1978），Kennedy 等人（1985）和 Thornton 等人（1981）所指出的，水库可能对外界压迫有其独特的响应。Ryder（1978）总结了其中一些反应，见表 1 - 1。

表 1-1 水库和冰川湖特征

因　子	特　征	
	水库	冰川湖
岸线	不稳定	稳定
水位	大，不规则波动	自然
冲刷率	高	低
热分层	不规则	自然状态
离子组成	变量	相对可预测
沉积率	高	低
浊度	高	低
泄水高度	变量	表面
有机物积累	快	慢
营养物质主要来源	外来大于原生	原生
发展选择	易变	稳态
移民-灭绝	快	慢

修改自 Ryder，1978.

　　本书的目的不仅是讨论和对比湖泊和水库，还在于推测可以检验的比较（Goldman and Kimmel 1978，Rigler 1975）。以下章节将试图表明水库是一个"保留了该地区和该地区的具体特征的独特的脆弱的生态系统"（Ryder，1978，p.1570）。

参考文献

Baxter，R. M. 1977. Environmental effects of dams and impoundments. Ann. Rev. Ecol. and Syst. 8：255 - 283.

Baxter，R. M. 1985. Enrironmental effects of reservoirs. pp. 1 - 26. In D. Gunnison，ed. Microbial processes in reservoirs. Dr. W. Junk Publishers，Boston，MA.

Carlson，R. E. 1977，A trophic state index for lakes. Limnol. and Oceanogr. 22：361 - 369.

Geraghty，J. J.，D. W. Miller，F. van der Leeden，and F. L. Troise. 1973. Water Atlas of the United States. A Water Information Center Publication. Port Washington，NY. 122p.

Gloss，S. P.，L. M. Mayer，and D. E. Kidd. 1980. Advective control of nutrient dynamics in the epilimnion of a large reservoir. Limnol. and Oceanogr. 25：219 - 228.

Goldman，C. R. and B. Kimmel. 1978. Biological processes associated with suspended sediments and detritus in lakes and reservoirs. In J. Cairns，E. F. Benfield，and J. R. Webster，eds. Current perspectives on river reservoir ecosystems. North American Benthological Society Publication NO. 2.

Gordon，J. A. and R. M. Behel II. 1985. Suspended sediment characteristics of Lake Cumberland, Kentucky. Pages 259 – 264. In Proc. N. Am. Lake Mgt. Soc. , 1984.

Hutchinon, G. E. 1957. A treatise on limnology: Vol. 1. Geography, physics, and chemistry. John Wiley and Sons, Inc. , New York, NY. 1015pp.

Hutchinon, G. E. 1957. A treatise on limnology: Vol. 2. Introduction to lake biology and limnoplankton. John Wiley and Sons, Inc. , New York, NY. 1115pp.

Kennedy, R. H. , K. W. Thornton, and R. C. Gunkel. 1982. The establishment of water quality gradients in reservoirs. Can. Wat. Resour. J. 7: 71 – 87.

Kennedy, R. H. , K. W. Thornton, and D. E. Ford. 1985. Characterization of the reservoir ecosystem. Pages 27 – 38. In D. Gunnison, ed. Microbial Processes in Reservoirs. Dr. W. Junk Publishers, Boston, MA.

Paulson, L. J. and J. R. Baker. 1981. Nutrient interactions among reservoirs on the Colorado River. Pages 1647 – 1656 in H. G. Stefen, ed. Proceedings of the symposium on surface water impoundments. Amer. Soc. Civil Engr. , NewYork, NY.

Pickett, J. R. and R. M. Harvey. 1988. Water quality gradients in the Santer-Coope Lakes, South Carolina. Lake and Reser. Mgt. 4: 11 – 20.

Priscu, J. C. , J. Verdium, and J. E. Deacon. 1981. The fate of biogenic suspensoids in a desert reservoir. Pages 1657 – 1667 in H. G. Stefen, ed. Proceedings of the symposium on surface water impoundments. Amer. Soc. Civil Engr. , NewYork, NY.

Rigler, F. H. 1975. The concept of energy flow and nutrient flow between trophic levels. Pages 15 – 26 in W. H. Von Dobben andR. H. Lowe-McConnel, eds. Unigying concepts in ecology.

Ruttner, F. 1963. Fundamentals of Limnology. 3rd Ed. (Translat. D. G. Frey and F. E. J. Fry). University of Toronto Press, Toronto, Canada. 295pp.

Ryder, R. A. 1978. Ecological heterogeneity between north-temperate reservoirs and glacial lake systems due to differing succession rates and cultural uses. Verh. Int. Verein. Limnol. 20: 1568 – 1574.

Thornton, K. W. , R. H. Kennedy, J. H. Carrol, W. W. Walker, R. C. Gunkel, and S. Ashby. 1981. Reservoir sedimentation and water quality—A heuristic model. Pages 654 – 661 in H. G. Stefen, ed. Proceedings of the symposium on surface water impoundments. Amer. Soc. Civil Engr. , New York, NY.

Walker, W. W. Jr. 1981. Empirical methods for predicting eutrophication in impoundments. Phase I: Data base development. Technical Report E – 81 – 9, prepared by William W. Walker, Jr. , Environmental Engineer, Concord, MA, for the United States Army Engineer Waterways Experiment Station, CE, Vicksburg, MS.

Wetzel, R. G. 1983. Limnoligy. Saunders College Publishing, Philadelphia, PA. 767pp.

第2章 水库输送过程

DENNIS E. FORD

水体中溶解质和颗粒物的混合和运动是由一系列复杂而高度依存的物理输送机制引起的。这些机制影响着有机质所处的水生环境（如温度、光照和化学条件），因此，理解库水运动过程对于认知水库湖沼学至关重要。

本章旨在介绍影响水库水质的库水运动机制，并厘清水库湖沼学与经典湖沼学之间的区别。库水运动机制包括水平对流、垂直对流、弥散、扩散、卷吸、混合、沉降、剪力流等，其相对大小和重要程度因水库而异，主要决定于水库形态、密度分层、气象驱动力、入流、出流和工程运行方式。它们的时空尺度差异也较大，在时间上，可以从几分之一秒的紊流运动，到历时数月的全水库运动，而空间上，可以从不足 1cm 到覆盖整个流域。读者如果需要深入的研究或特殊的细节，大型湖泊动力学可参见 Boyce（1974），Mortimer（1974）和 Csanady（1975），Hansen（1978），Fischer 等人（1979），混合动力学可参见 Imberger 和 Hamblin（1982）以及 Ford 和 Johnson（1986），紊流可参见 Tennekes 和 Lumley（1972），入流动力学可参见 Ford 和 Johnson（1983），Imberger（1987），Johnson 和 Ford（1987），出流动力学和分层取水参见 Imberger（1980），Smith 等人（1987）和 Monismith 等人（1988）。

本章首先给出主要输送机制的定义，然后采用势能理论来阐述逐年循环的水温分层现象，最后将探讨影响分层势能的主要因素（如水库形态、气象驱动力、入流、出流和工程运行），以及它们对水库库水混合和输送的影响。

2.1 输送机制

根据 Fisher 等人（1979）、Ford 和 Johnson（1986）所述，水库和湖泊内的主要输送机制包括：

水平对流：指受外流（水流或气流）强迫作用引起的输送运动。水库中的水平对流可能由河流入流、出流、气水界面的风切变造成。

垂直对流：指因水层密度变化引起的垂向输送运动。当水库表层水温度下降时，其密度变大而下沉，因此产生垂向对流运动（见图 2-1）。

紊流（湍流）：紊流常常被描述为一组涡流族（如流体的旋转区域），其尺度可以小至分子运动，大至流场的物理极限范围。这种表述的不足在于很难区分波动和紊流。更准确的定义是，紊流是不规则的（随机的）、扩散的（产生混合）、旋转的（翻倒运动）、随时间变化的且有能量耗散的（无持续能量将快速衰减）的运动（Tennekes and Lumley，1972）。水库中的紊流可能由风、入流、出流、对流、边界作用等引起（见图 2-1）。

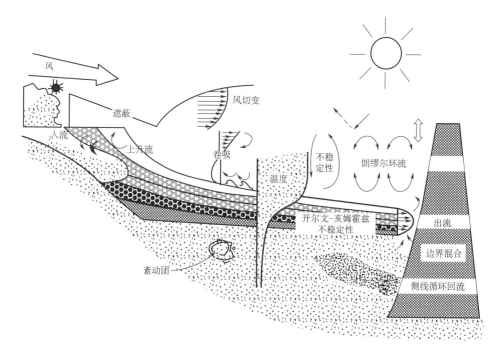

图 2-1　水库混合过程示意图

扩散：指浓度差异逐渐减小而趋于平均的运动机制。分子扩散是指一定质量的液体在不发生整体运动的情况下，通过随机的分子运动，浓度梯度逐渐减小的运动机制。分子扩散是液体因溶质而异的内在属性。相对而言，紊流扩散是由紊流运动引起的颗粒随机扩散。紊流扩散常常被认为与分子扩散类似，但其"涡流"扩散系数更大。紊流扩散不是液体的内在属性，而是一种流态。

剪力流：指不同位置的流体因速度差异而引起的对流运动。因此，剪力流的形成需要流速梯度。在湖泊和水库中，风掠过水面会在气水界面产生剪力流，入流和水体内部的密度流也会产生剪力流（见图 2-1）。

弥散：剪力和扩散共同作用而产生弥散。因为对水库内的流速分布往往知之甚少，所以较难区别弥散和扩散。一般而言，弥散主要发生在流速仍然较大的水库源头（库尾）区域，而扩散则常见于流速较小的水库库中区域（见图 2-1）。

卷吸：卷吸是一种平流型输送机制，指被扰动水层因带走未被扰动水层的液体而逐渐增厚的过程。两个水层的交界面会逐渐向未被扰动的水层侵入。在水库中，风引起的紊动或对流会让表温层卷吸温跃层的水而逐渐增厚（见图2-1）。入库密度流会随泥沙与水交界面产生的紊动而卷吸其周边的库水而逐渐增厚。与扩散不同，卷吸会让浓度梯度更为显著。

混合：使某一水质点与另一水质点相混或相溶的运动机制或过程。混合包括扩散、剪力流、弥散和卷吸。

沉降：颗粒物因与周边水体密度不同而下沉的过程称为沉降。沉降将在第三章中讨论。

上述输送机制在所有水库都时有发生。不同的输送机制于特定时间在同一水库的不同位置占主导作用也是可能的。几种或单个输送机制的发生决定于其类型、大小、历时和驱动变量（如能量源等）。

2.2 分层和势能

水温分层的形成、强度和范围的主要影响因素有密度、太阳辐射、气水界面的能量转化、水库形态以及对流和风引起的混合。从能量的角度考虑会更有益于理解水库中的混合过程，因此，我们将用动能（KE）的输入和势能（PE）的变化来探讨控制分层的主要因素。

水库的势能定义为：

$$PE = mgh = \int_0^{Z_m} gzA(z)\rho(z,t)\mathrm{d}z$$

式中　　m——水库总质量；

g——重力加速度；

h——水库重心的高程；

z——自库底向上的高程；

$A(z)$——高程 z 所对应的水库面积；

$\rho(z,t)$——t 时刻高程 z 对应的水库密度；

Z_m——最大高程。

水库的势能变化可以通过加热改变水体密度（如质量）、改变重心高程或同时改变两者来实现。对于混合均匀的水体，其重心即为体积中心。对于分层水体，表层水的密度小于下层水，水体重心位置要低于其体积中心。提升重心需要通过动能的输入来混合稳定分层的水体。如图2-2中的两层水完全混合时，势能增加了 $\Delta\rho VH/8$，重心提升了 $H/2$。势能理论类似于 Birge 的风作用理论和 Schmidt 的恒定计算（Hutchinson，1957）。

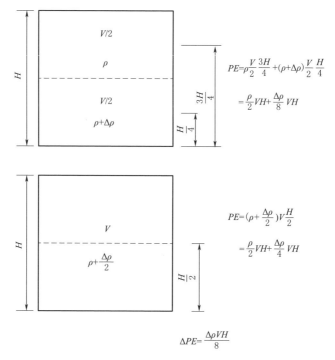

$$PE=\rho\frac{V}{2}\frac{3H}{4}+(\rho+\Delta\rho)\frac{V}{2}\frac{H}{4}$$

$$=\frac{\rho}{2}VH+\frac{\Delta\rho}{8}VH$$

$$PE=(\rho+\frac{\Delta\rho}{2})V\frac{H}{2}$$

$$=\frac{\rho}{2}VH+\frac{\Delta\rho}{4}VH$$

$$\Delta PE=\frac{\Delta\rho VH}{8}$$

图 2-2　两层水体系统不分层后势能的变化

为了阐明势能和动能如何相互作用而形成季节性的水温循环，我们首先以一个滞水时间较长、受入流和出流影响较小的水库来简单举例说明。在 2 月份，该水库为混合型水库，垂向水柱整体混合均匀，重心因而位于体积中心。在如此低温下，表层水面升温引起的密度差异不足以阻碍水体的完全混合。随着垂向水柱的升温，表层水面升温引起的密度差异逐渐扩大，混合整个水柱需要有更多的能量输入。尽管水柱保持着均匀混合，且重心位置未曾变化，水柱升温仍然引起了势能的增加。在图 2-3 中，密度差及其形成的势能远远小于风动能，因此水库库底附近逐渐形成分层（Ford and Stefan，1981）。随着太阳辐射的增强，水体升温，密度差随之增大，重心抬升，势能持续增加并超越所输入的动能，温跃层因此向上延伸。在夏至前后，或是有大量热量输入（如大势能输入）时，温跃层深度达到最低。一旦水温稳定分层，滞温层的水温仅在发生秋季对流时才略有升高，此时表层水温趋近于滞温层水温。

自然湖泊和水库受气象因素影响（滞水时间较长）而分层的现象可归纳为以下四点：

（1）分层的成因（风、太阳辐射）作用于气水界面，因此，可以忽略水平

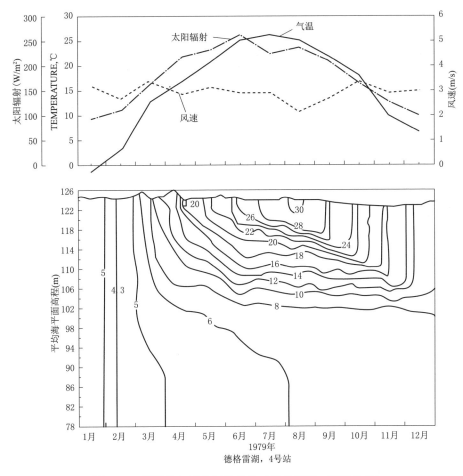

图 2-3 等温线与逐月气象条件（德格雷湖，阿肯色州）

方向的差异。

（2）分层的年间差异较小。每年水温分层和秋季对流的形成时间几乎相同，且滞温层的水温基本相当（相差 1℃ 或 2℃）。

（3）水库表面积越大，动能输入越多，水温变化期越长，滞温层的水温越高。

（4）湖泊或水库越深，单位体积的动能越小，分层现象越明显。

水库的入流和出流可能是动能（对流）和势能（热量）的重要来源，因此，上述的水温分层形式会有所变化。大多数水库入流来自一些主要支流，动能和势能会在特定位置点集中输入，从而引起水温水平方向上的改变。同风引起的动能变化和太阳辐射引起的势能变化相比，由入流带来的动能和势能变化更无规律可循。如图 2-3 所示，年内风是相对稳定的，而太阳辐射呈正弦变化，6

月份达到峰值，相应的，前述水温变化形式逐年重复。与之相反，入流几乎在任何时间都可能产生（见图 2-4）。一次春季入流过程的历时和量级会影响到水库水温分层的启动时间，使其前后相差几周。在自然湖泊中，动能主要来源于气水界面（风等），水温分层会阻碍动能直接进入滞温层，因而限制了滞温层的混合。在水库中，动能和势能可以通过密度流而直接进入滞温层，为此所引起的混合，连同直接输入的势能（热量）一起，会导致滞温层的水温在夏季持续增加（见图 2-5）。因此，水库的分层形式年与年之间差异显著，而上述基于形态学的四个推断可能不成立。

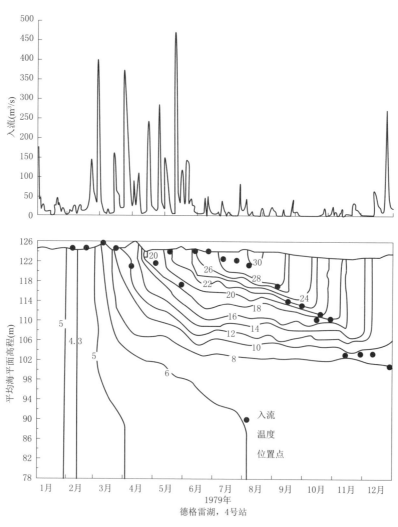

图 2-4　等温线与平均日入流（德格雷湖，阿肯色州）

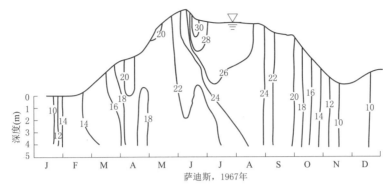

图 2-5　入流控制型水库的年等温线

　　图 2-3 中的季节性水温结构表明，在水库中，混合和卷吸往往不是渐进而连续的过程。太阳辐射、强风、入流、出流、水电站调度运行等的变化及其相互作

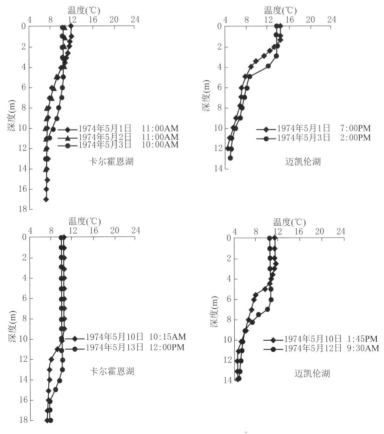

图 2-6　风引起的卷吸混合示例

用使其呈动态变化。图 2-6 示例说明了数小时强风所引起的混合范围。每年从温跃层挟带营养物质进入真光层的过程是相对快速的，而不是渐进和连续的。

　　除了季节性周期变化，水温还随昼夜和天气呈周期变化（见图 2-7），这是由太阳辐射的差异和混合运动所引起的。我们通常在白天，尤其是在气温最高的下午进行水库水温的测量。水温昼夜差别可达 7℃ 以上，但一般而言只有几摄氏度之差。在众多影响因素中，温差大小主要决定于湖泊或水库的大小和深度。

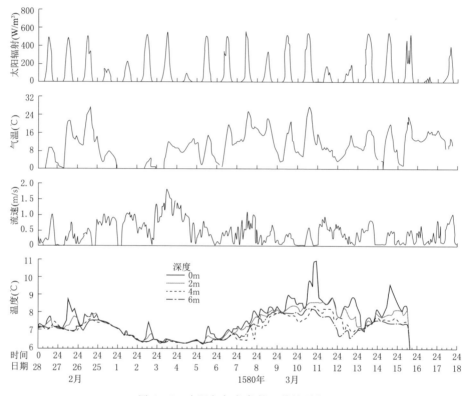

图 2-7　水温与气象条件（德格雷湖）

　　水平温差也时有发生，一般是由热量差、入流或混合所引起的。当浅水区域（如湖岸和库尾区域）的较小水体比其他开阔水面区域的水体升温或降温快时，则产生热量差。在大型湖泊，这种现象更为显著，且会导致温度带的形成（Wetzel，1975）。与之类似，河流汇入水库时，因两者水温不同可能会产生水平温差（见图 2-8）。水平温差一般为 1～2℃ 或更多。

　　水平温差（密度差）会形成触发水流运动（如输送）的不稳定条件。在升温期，库岸浅水区域温度较高的表层水可能会沿着水面向主库区流动，而为保持质量恒定，水库底层必然存在着回流。降温期则正好相反。这种自库岸至库中的运动模式可能并不明显，除非升温期和降温期历时较长（如几天）。

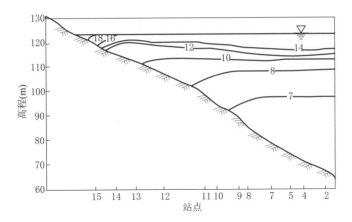

图 2-8　水温水平变化示例（德格雷湖，阿肯色州，1976 年 4 月 2 日）

2.3　气象驱动力

气象驱动力的类型和大小决定于水库的位置（如纬度、经度和高程）及其周边地形。大多数情况下，气象驱动力作用于气水界面，因此决定于水面的大小和形状以及周边地形。影响水库水体运动和混合的所有气象因素中，太阳辐射和风可能最为重要。

太阳辐射始终是水库增温的能量来源，其随季节呈正弦曲线变化，峰值（北半球）出现在 6 月下旬（见图 2-3）。此外，太阳辐射同样有着日内变化。穿过云层时，太阳辐射发生大幅变化并不足为奇（见图 2-7）。相应的，水温也有年内和日内的周期变化，但相对滞后。

对于几乎所有的湖泊和水库而言，水体的混合主要是由风（动能）驱动的，即在气水界面上，风切变的交互和累积（如水流、水面波、内波和卷吸）引起水体混合。与太阳辐射类似，风很大程度上随季节、天气和昼夜的循环而变化。天气周期相当于主要天气系统相对不变的一段时间，一般历时 5～7 天。同太阳辐射一样，风也有昼夜变化，但它们的极值一般不会同时出现。例如，在明尼苏达州的明尼阿波利斯，最大风速一般不会出现在正午。

水库对水文气象因素的响应方式决定于流域的形态特征和水库的位置。水库一般建在有较多支流汇入的深谷，因此水库较长且呈树状（见图 2-9）。周边地形对水库有显著的庇护作用，使其水面免受风的影响。复杂的地形也会限制风浪区和复杂循环模式的形成。

总之，引起水库水体混合和运动的气象因素差异很大。由于气象驱动力的作用，水库总是处于流动的状态而永不可能达到平衡（如稳定状态）。

图 2-9　树形水库（阿肯色州，德格雷湖）

2.4　入流

自然湖泊的入流一般特指地表径流和小河流。它们的影响范围往往限定在湖岸带和水表层。水库则与之相反，入流主要从库尾汇入，而径流量决定于流域的形状和大小、土壤前期含水量以及降水分布。在北纬地区，春季的融雪径流贡献了水库的绝大部分水量。在其他地区，暴雨过程产生的径流控制着水库的水量平衡。比如，在上升流发生时，入流穿越整个水库会历时数天，而理论上其水力滞留时间应该更长（如在德格雷湖的水力滞留时间为 0.8 年）。因此，采用年平均水力滞留时间来估算入流与水库混合的时间可能并不合适。

入流的密度一般与水库表层水密度不同，其汇入或流过水库时形成密度流。Bell（1942）将密度流定义为液体或气体的重力流，其在相近密度液体的下部、上部或中部穿过。密度流与普通入流不同，其周边液体的浮力通过均化密度差（$\Delta \rho / \rho$）抵消了一部分重力（即重力减小 $g \Delta \rho / \rho$）。因此，温跃层内密度交界面的垂向运动（如波浪）比气水界面更为活跃。

密度差可能由水温、总溶解质和悬移质引起。在总溶解质和悬移质浓度较低的水库，密度差由水温主控。例如，在 25℃ 时，1℃ 温差所引起的密度差等同于约 330mg/L 的总溶解质或 420mg/L 的悬移质（比重为 2.65）带来的密度差。在 10℃ 以下，约 30mg/L 的颗粒浓度可以改变水体密度。悬移质对水体密度的贡献较为复杂，因为悬移质会在水库库尾区域沉淀下来（见第 3 章），且悬移质浓度也会随流量增加而增加。与之相反，总溶解质浓度既会随流量增加而增加（咸水流域初期冲刷效应），也会随流量增加而减少（稀释效果）。在暴风雨期，温度、总溶解质和悬移质的变化会引起入流密度的变化，这种变化极大且不可预测（Ford and Johnson，1983）。

由于入流和水库水体之间的密度差异，密度流可以进入表温层、温跃层和滞温层（见图 2 - 10）。当入流密度小于表层水密度时，入流将从水库表层流过（如漫流）。这种情况一般在春季发生，此时入流的水温较水库水温高。

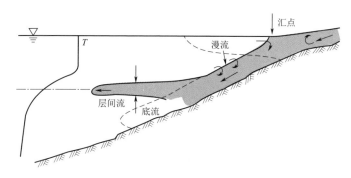

图 2 - 10   密度流汇入水库

漫流的分析较为复杂，受多种因素影响。首先，由于作用力是超静水压力，密度流会向各个方向漫延而不受边界的限制。其次，气水界面的热交换会让水温差异迅速消散。再次，风切变可能会将漫流引入库湾或阻止其与水库下游端水体混合。最后，风切变或对流或两者同时作用所引起的垂向混合可将密度流分散到整个水柱。

如果入流密度大于表层水密度，入流将从水面下部插入（见图 2 - 10）。有时水库水体因漂浮物较多而比较浑浊，此时入流的插入点就会明显可见，其被标示为驻点或汇点。汇点位置决定于河流动量（对流作用力）、河流和水库分界面上的压力梯度（浮力）以及抗剪切力（风、河床摩擦）之间的平衡点。汇点位置也随入流和密度而动态变化。一场暴风雨期间，一天内汇点就可能移动 10km 以上（Ford and Johnson，1983）。相较于入流密度和水库表层水密度之间差值的变化，汇点位置对入流的变化更为敏感（Ford and Johnson，1980）。

Knapp（1942）认为，汇入点邻近区域的水流并非从水表以下插入，而是从混合区域的底部流出（见图 2 - 11）。入流及其所挟物质趋向于在汇点处汇集。Ford 等人（1982）在德格雷湖用染料进行了实验验证。尽管在汇点处，部分入

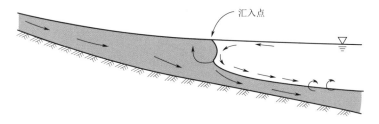

图 2 - 11   在汇点处汇集

流会与库水混合，但定量这部分入流却很困难，其估算值可能小于 10% 或者达到 100%，目前还没有相符合的理论来支撑（Ford and Johnson 1983）。

入流所挟带的物质在汇点附近滞留可能对水库水质有显著的影响。但是，随着汇点向水库逼近然后退回到上游，这些物质去向何处则无从所知。溶解的物质可能留在表层水面。第 1 章和 Thornton 等人（1980）提出了水库可以分成河流区、过渡区和湖泊区等三个区域的理论。汇点可能实际上位于过渡区，其上边界由低流速条件下的汇点位置决定，下边界由高流速条件下的汇点位置确定。过渡区是汇点随着流速条件的变化而前后移动的区域。

入流汇入后，它会沿着原河道（深泓线）形成底流。当入流携沙时，曾观测到底流会延伸至大坝（Grover and Howard，1938）。底流的速度和厚度可以通过假设水库为两层水体系统，在剪力和重力作用下水流达到平衡来确定（Ford and Johnson，1981）。由于库底摩擦产生的紊动，底流会卷吸水库的表层水，其携带物质也可能会因风的作用而进入表层水。

当密度流离开河床底部而水平漫入分层水体时，会形成密度层间流或侵入流。水库层间流比较常见，一般发生于夏季中末期，此时入流的温度小于表层水温而大于滞温层水温。侵入流与漫流、底流不同，它是在与其密度相似的水层中移动而穿过水库。侵入流需要一个连续的入流或出流或共同作用来推动，否则它会停滞和瓦解。Ford 和 Johnson（1981）的研究表明，在德格雷湖，一场暴风雨所引起的侵入流因出流停止而滞留在温跃层，其携带的物质也滞留此地，形成了一个薄薄的镜面。我们常常忽略层间流的卷吸，因为温跃层的密度梯度会产生很强的浮力而阻止混合运动。

因为入流的密度（温度）一直在变化，侵入流移动的界面也随之而变。这在暴雨期间更为明显，因为入流增加、水温改变以及固体物质沉降会使入流的密度迅速变化。Ford 和 Johnson（1983）的研究表明，在德格雷湖的一场暴雨中，侵入流移动界面的垂向位置相差 5 m 之多。入流所含的磷一般是在水文过程线的上升段沉降，而氮是在下降段沉降，这两种营养物质可能会随侵入流在不同的界面溶入水库。

Ford 和 Johnson（1981）的实测表明，层间流会沿着原河道的中泓线穿过水库，而不会沿侧向与库水混合。这可能部分源于水库的形态、树状形状、库底糙率变化以及漂木，但也暗指水库水质的侧向变化也是存在的。

我们常常假定，入流一旦汇入并形成底流或层间流，其所含物质会与表层水相隔绝。尽管这样的假定已经在很多情况下被证实，目前有研究表明，由气象驱动力引起的混合能够挟带入流中的物质进入表层水。这可能发生于夜间的对流混合运动（Ford et al.，1980），也能发生于风成流，如内波（Carmack and Gray，1982）。这种混合过程与自然湖泊中温跃层与表温层的水掺混过程相同。

2.5 出流和水库运行

水库的建设是为了对水流进行调控。雨季蓄水，少水期使用，或者拦截洪水以防止对下游的破坏。泄水口建筑的类型和工程的运行完全取决于水库的建设目的。

当水库泄水时，势能转化为动能，并形成混合（见图 2 - 12）。混合局限在出流区域，并且动能与流量的立方成比例，因为 $KE = \frac{1}{2} mv^2 \propto Q^3$，且 $m = \rho Q^t$，$v = Q/A$。

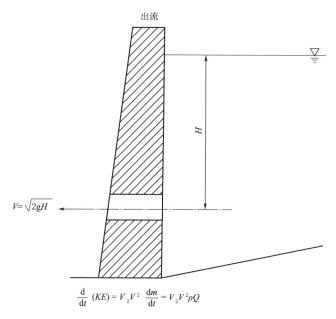

$$\frac{\mathrm{d}}{\mathrm{d}t}(KE) = V_2 V^2 \frac{\mathrm{d}m}{\mathrm{d}t} = V_2 V^2 \rho Q$$

图 2 - 12　出口处动能和势能的关系

小型农用水库的出口建筑物往往是虹吸管或封闭式溢洪管道（具体见 Lindsey and Franzini，1972）。它们通过堰式建筑物下泄表层水，能自动地将水面控制在特定高程。这种表层取水与自然湖泊的出流类似，对水库内部的混合影响最小。

大型防洪工程也利用溢洪道泄洪以避免损害大坝。这些泄洪道可以是可控的（由坝顶闸门控制泄洪速率），也可以是不可控的，但不管如何，因为大多数的水蓄积在坝顶闸门高程以下，所以水库也会配备闸门或管道来泄放其底部的水。库底泄流是这些水库的常用运行模式，考虑水温的分层，其可能局限在滞温层取水泄放，这会导致表温层变深、滞温层升温以及密度梯度弱化。

防洪水库可能按保持恒定水位来控制运行，或者其水位随季节而变，以提供足够的防洪库容。水位的抬升和下降时间和大小可能因管理所需而调整，如库区渔业。水质方面则需要强调以下两点：

（1）水库水位抬升时，水向库湾和港湾注入。水及其所携营养物质可能会滞留于库湾直到水位下降。

（2）在水位下降期间，滞留在库湾里的水回流至库中。库水位的波动可能是这两个区域最有效的物质输送方式。

需要重点指出的是，水库运行水位控制曲线仅是个目标，而水库实际运行时，水位过程线会有显著不同。

许多多功能水库配备有多层取水建筑物，从而能够泄放不同深度的水（见图 2-13）。因此，为满足下游水温或其他水质需求，可以有选择地从水库中特定深度取水并混合。取水位置的选择决定于水温分层情况。如果不是分层型水库，经典势流理论适用于此，各个深度的水流呈辐射状流向取水口。如果是分层型水库，浮力会阻碍垂向运动，因此，出流区域被限制在一个水平层上，该层可能会有数米厚度并扩展到整个水库。如果水取自完全混合的区域（如表温层），取水区域会限制在表温层直到达到临界流状态，此时，垂向上超越了浮力，取水区扩展至温跃层。利用简单模型预测的出流区域，会因出口流速的复杂分布而改变。

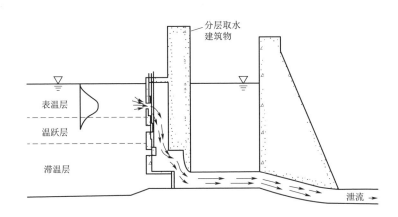

图 2-13　分层取水建筑物示例

分层取水建筑物的取水口设计时，最大设计流量往往小于洪水流量，因为洪水都是通过泄洪闸泄流，其一般位于库底附近。实际操作决定于运行曲线、入流和下游排洪能力。

许多水库有泄放最小流量的要求。因为任何时间都要泄放这个流量，所以库水位要低于理论运行水位。在水位下降期间，水及其营养物质是从库湾向水库库中移动。因为库岸区域可能是营养物质的来源之一，这种运动可能会对水库水质有所影响。此外，最小流量的泄放可能会增强滞温层水体的混合，带动缺氧沉积物释放营养物质。在很多情况下，最小流量从专门的泄放口下泄，其所处位置不同于正常出口。

因为水电工程能够灵活而快速地产生电量，常被用于电网调峰，即仅在电网负荷高峰期发电。周一至周五的典型峰值时段，4h 内可能要泄放 $600\mathrm{m^3/s}$ 的流量，而周末泄放流量最小。这种运行方式对库水混合及水温结构有显著影响。比如，尽管泄放水量相同，因为出流动能与流量三次方（Q^3）成比例，所以 4h 泄放 $600\mathrm{m^3/s}$ 流量（即 $KE \propto Q^3 \cdot \Delta t = 600^3 \cdot 4\mathrm{h} = 8.64 \times 10^8$）所产生的动能是 24h 泄放 $100\mathrm{m^3/s}$ 流量的 36 倍（即 $KE \propto Q^3 \cdot \Delta t = 100^3 \cdot 24\mathrm{h} = 2.40 \times 10^7$）。

抽水蓄能电站在电力负荷低谷期将水抽入水库，这也会增强水库水体的混合。图 2-14 描述了一个典型的抽水蓄能工程，上游的小水库从下游的主水库或河流取水发电。发电对水库水温结构的影响如图 2-15 所示。图中，滞温层的水温升高，反映了水库运行导致其水体更为混合，且水库运行对溶解氧也有显著影响。

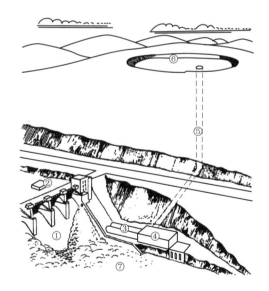

图 2-14 金祖阿水电站平面布置图

①—大坝；②—取水建筑物；③—水库主供水和回水管道：2 个直径 15 英尺的管道；
④—塞内加电厂；⑤—供水和排水管道，直径 22 英尺，长 0.5 英里；
⑥—上水库，位于电厂上部 800 英尺处；⑦—阿勒格尼河

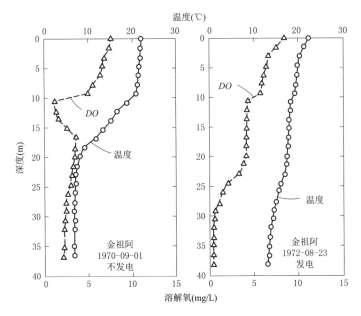

图 2-15　电站发电和不发电时温度和溶解氧垂向分布对比图

2.6　结论

我们观测到的水库水温结构是一系列复杂而相互关联的现象的合成。水温分层是由水体混合和输送引起的，但混合和输送也取决于分层水温。

水库从不会维持恒定状态。气象驱动力、入流、出流和工程运行都是高度动态变化的，且以若干时间尺度为特征。

掌握水库输送和混合时水体的波动和不规则运动，与确定输送和混合的平均水量同等或更为重要。工程运行、风、入流和复杂地形的变化会产生或强化紊动及其引起的混合。

远离水库主水体的库湾区可能会形成隔离带。这些区域之间最有效的输送方式可能是利用水面高程的变化。

所有水库都是独特的，且逐年不一，这是由水动力和输送机制所造成的。

参考文献

Bell，H. S. 1942. Density currents as agency for transporting fine sediments. J. Geol. 5：512 - 547.

Boyce，F. M. 1974. Some aspects of Great Lakes physics of importance to biological and chemical processes. J. Fish. Res. Board Can. 31: 689 – 730.

Carmack, E. C. and C. T. J. Gary. 1982. Patterns of circulation and nutrient supply in a medium residence-time reservoir, Kootenay Lake, British Columbia. Can. Wat. Res. J. 7: 51 – 69.

Csanady, G. T. 1975. Hydrodynamics of large lakes. Ann. Rev. Fluid Mech. 7: 357 – 86.

Fischer, H. B. and P. D. Smith. 1983. Observation of transport to surface waters from a plunging inflow to Lake Mead. Limnol. Oceangr. 28: 258 – 272.

Ford, D. E. and M. C. Johnson. 1981. Field observation of density currents, in impoundments. Pages 1239 – 1248 in H. G. Stefan, ed. Proceedings of the symposium on surface water impoundments. Amer. Soc. Civil Engr. , New York, NY.

Ford, D. E. , M. C. Johnson and S. G. Monismisth. 1980. Density inflows to DeGray Lake, Arkansas. Pages 977 – 987 in T. Carstens and T. McClimans, eds. Proceedings of the second international symposium on stratified flows. Int. Assoc. for Hydraulic Res. , Tapir, Trondheim, Norway.

Ford, D. E. and M. C. Johnson. 1983. Assessment of reservoir density currents and inflow processes. Tech. Rept. E – 83 – 7. U. S. Army Engineer Waterways Experiment Station, CE, Vicksburg, MS.

Ford, D. E. and L. S. Johnson. 1986. An assessment of reservoir mixing processes. Tech. report E – 86 – 7. US. Army Engineer Waterways Experiment Station, CE, Vicksburg, MS.

Ford, D. E. and H. G. Stefan. 1980. Stratified variability in three morphometrically different lakes under identical meteorological forcing. Wat. Res. Bull. 16: 243 – 247.

Grover, N. C. and C. S. Howard. 1938. The passage of turbid water through Lake Mead. Trans. Am. Soc. Civ. Eng. 103: 720 – 732.

Hansen, N. O. 1978. Mixing processes in lakes, Nordic Hydrology. 9: 57 – 74.

Hutchinson, G. E. 1957. A treatise onlimnology. Vol. I geography, physics and chemistry. John Wiley and Sons, New York, NY. 1015pp.

Imberger, J. 1980. Selective withdrawal: A review. Pages 381 – 400 in T. Carstens and T. McClimans, eds. Proceedings of the second international symposium on stratified flows. Int. Assoc. for Hydraulic Res. , Tapir, Trondheim, Norway.

Imberger, J. and P. F. Hamblin. 1982. Dynamics of lakes, reservoirs, and cooling ponds. Ann. Rev. Fluid Mech. 14: 153 – 187.

Imberger, J. 1987. Mixing in river underflow. Journal of Hydraulic Engineering, 113 (6) . 697pp.

JohnsonL. S. and Ford, D. E. 1987. Thermal modeling of DeGray Lake. Pages 536 – 564 in R. H. Kennedy and J. Nix, eds. Proceedings of the DeGray Lake symposium Tech. Report E – 87 – 4. U. S. Army Engineer Waterways Experiment Station, CE, Vicksburg, MS.

Johnson, T. R. 1987. Negatively buoyant flow in a diverging channel, Part1: Flow Regimes. Journal of Hydraulic Engineering 113 (6): 716 – 730.

Knapp, R. T. 1942. Density currents: Their mixing characteristics and their effect on the turbulence structure of associated flow. Pages 289 – 306 in Proceedings of the second hydraulic conference, University of Iowa City, IA.

Lindsey, R. K. and J. B. Franzini. 1972. Water resources engineering. McGraw-Hill Book Co. New York, NY.

Monismith, S. J. Imberger, and G. Billi. 1988. Shear waves and unsteady selective withdrawal. Journal of Hydraulic Enginnering 114 (9) . 1134pp.

Mortimer, C. H. 1974. Lake hydrodynamics. Mitt. Int. Ver. Limnol. 20: 124 – 97.

Smith, D. R. , S. C. Wilhelms, J. P. Holland, M. S. Dortch, and J. E. Davis. 1987. Improved description of selective withdrawal through point sinks. Tech. Report E – 87 – 2, U. S. Army Engineer Waterways Experiment Station, CE, Vicksburg, MS.

Tennekes, H. and J. L. Lumley. 1972. Afirst course in turbulence. The MIT Press, Cambridge, MA.

Thornton, K. W. , J. F. Nix, and J. D. Bragg. 1980. Coliforms and water quality: Use of data in project design and operation. Wat. Res. Bull. 16: 86 – 92.

Wetzel, R. G. 1975. Limnology. W. B. Saunders Co. , Philadelphia, PA. 767pp.

第3章　沉积过程

KENT W. THORNTON

沉积物的输运与沉积是影响水库系统生态响应的主要因素。仅考虑水库沉积物的物理积聚，就已经能够表明其对生态系统结构和功能的潜在重要性。对于 1953 年以前在中西部地区、大平原州，美国东南部和西南部建造的水库，约有 33％已经失去了其原有水量体积的 1/4～1/2，约有 14％已经失去了原始体积 1/2～3/4 的水量，约有 10％的水库的有效库容已经被沉积物沉积所耗尽（Vanoni，1975）。沉积物不仅是按重量和体积计的主要水污染物，也是农药、有机残留物，营养物质和致病生物体的主要载体和催化剂（Bachmann，1980，Ogg et al.，1980；Sharpley et al.，1980，U. S. Senate Select Committee on Natural Wate Resources，1960）。

集水区水文地理学、泥沙产量和运输、输沙率测量公式、水库沉积物调查和库容计算这些内容已经在 Chow（1964）、Eagleson（1970）、Thomas（1977）、美国地质调查（U. S. Geological Survey，1977）、Vanoni（1975）、Viessman 等人（1977）的研究中有了详尽的论述，这里不再赘述。本章将重点讨论可能导致水库生态系统与湖泊生态系统不同反应的沉积过程上。首先，讨论流域的特点和运输问题；其次，确定沉积和悬浮沉积模式和区域；最后，讨论这些沉积模式和过程对于水库的意义。

3.1　流域特征与沉积运输过程

由于水库是由蓄水系统建造的，水库的集水区和上游河流是相同的。总的来说，水库上游集水区河流等级和大小分别比湖泊上游集水区的要高要大（Thornton et al.，1981）。水库通常在流域上游的蓄水面积中占最大比例。相比之下，许多湖泊有相当比例的连续汇水区域（见图 3-1）。汇水区的形状和位置可能会影响径流以及物质向湖泊和水库的运输。水库汇水区一般比湖泊流域更加狭长，反映了河岸带的影响力。随着汇水区体积的增大，汇水区的形状会变得更加狭长（Viessman et al.，1977）。

无论径流的接收系统是湖泊还是水库，径流过程是相似的，但是湖泊和水

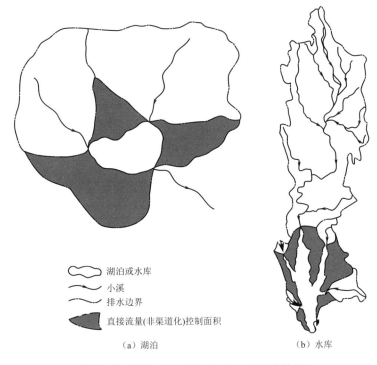

　　湖泊或水库

　　小溪

　　排水边界

　　直接流量(非渠道化)控制面积

（a）湖泊　　　　　　　　　　　　　（b）水库

图 3－1　湖泊（a）和水库（b）的流域特征

库之间集水特征的差异影响了输送到接收系统的物质的数量和质量。由于流域面积与流量之间存在一定的关系（见图 3－2），如：

$$Q = cA^x$$

式中　Q——流量为平均年径流量；

　　　A——流域控制面积；

　c，x——回归系数（Chow，1964）。

　　与水库有关的较大的集水区可能导致进入水库的年流量大于进入湖泊的年流量。更大的汇水区和更大的流量也表明了水库能容纳更多的沉积物和水库养分的潜力。

　　集水特征影响到接收系统的输沙比。降雨中有限的能量决定了从集水区到河流的颗粒物侵蚀和运输速率。随着集水区面积的增大，运输颗粒物质被截留和/或沉积的可能性会增加，因此沉积物输送比率与集水区面积成反比。然而，由于流域面积与输沙比率之间的关系是对数的而非线性关系，所以输送沉积物及其吸附成分的绝对量会随着集水区面积的增加而不断增加。

　　降雨有限的能量差异也反映在颗粒物质的差异运输中。河流沉积物通常富

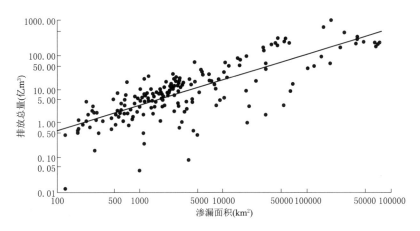

图 3-2　年度排放总量的增加量是水库面积增加量的函数

（数据来自 Leidy and Jenkins，1977）

集在比集水区土壤更细的黏土和粉砂颗粒上，因为将这些细粒子从集水区转移到河流中需要的能量较少（Dendy，1981；Duffy et al.，1978；Rhoten et al.，1979）。在河流运输期间发生了更多的沉积物分类和沉积（Vanoni，1975；Verhoff and Melfi，1978）。冲积平原上的河流沉积物的沉积过程伴随着颗粒物由粗到细的分类。相对粗大的推移质一般在河道中积累，与此同时，更细小的淤泥和黏土等物质则在冲积平原上沉积（Vanoni，1975）。之后，这种细小的物质极易被暴风雨冲刷入水流，并被输送入下游水库。细小的淤泥和黏土颗粒具有很高的磷（Duffy et al.，1978；McCallister and Logan，1978；Schreiber and Rausch，1979；Sharpley and Seyers，1979；Sharpley et al.，1987）和溶解有机酸（Marzolf，1981），以及其他营养物质或污染物（Pita and Hyne，1974）的吸附能力。由于冲入河流的沉积物量与河流的距离成反比（Hebel，1981；Wilkin and Hebel，1982），因此冲积平原的土地利用方式对河流水质的影响要大于平原外的土地利用方式。这引发了以下猜测：

（1）水库输沙总量可能高于湖泊。

（2）水库流入的细小颗粒物质（如泥沙和黏土）的总质量大于天然湖泊。

（3）推论：水库中颗粒营养物和其他吸附物的承载量可能高于湖泊。

输运到水库的物质质量也可能与天然湖泊不同。湖泊一般位于流域集水区域的上部，而水库一般位于河口附近［见图 1-8（a）和图 1-8（b）］。因此，湖泊以上的河流水位一般低于水库以上的河流水位。对河流连续体概念的关注（Minshall et al.，1985；Statzner and Higher，1985；Vannote et al.，1980）意味着各种形式的有机碳对湖泊和水库的贡献不同。尽管在河流系统中对异养性与自养性的重要性进行了持续的讨论（Cummins，1974；Cummins et al.，1983；Fisher and Likens，1973；Minshall，1978；Minshall et al.，1985；Naiman and Sedell，1980；Statzner and Higler，1985；Vannottee et al.，1980），已有的共识是：自养生产随着河流水位的上升而趋于增加，至少经由 9 级河流的验证（Naiman and Sedell，1981）是如此。Minshall（1978）指出本体自养生产是林区范围内大型河流和没有树木荫蔽的大小河流中有机碳的重要来源。

Naiman 和 Sedell（1981）对魁北克的流域进行了比较研究，发现虽然魁北克第一级至三级的河流分别占流域河流总数的 98% 和总长度的 90%，但占到整个流域面积的 20%，并且其初级产量仅占全流域年均初级生产产量的 12%。相比之下，七级至九级支流则占到流域河流总数和总长度的 0.02% 和 2.2%，却贡献了 54% 的流域面积和全年流域年均初级生产总产量的 64%（Naiman and Sedell，1981）。

沉积物、颗粒有机质和吸附成分主要在风暴事件或高速流发生时被转运（Bilby and Likens，1979；Johnson et al.，1976；Kennedy et al.，1981；Sharley and Seyers，1979；Verhoff and Melfi，1978）。对于河流来说，这种运输可能发生在一连串的风暴中，在风暴的间歇伴随着沉积和处理的过程（Verhoff and Melfi 1978；Verhoff et al.，1979）。由于细颗粒有机物（FPOM）相对于粗颗粒有机物质（POM）会被优先转运（Bilby and Likens，1979），而流动的过程可望增加 FPOM 的浓度，与自然湖泊相比，水库的 FPOM 和溶解有机物的比例也相对较高。河流级数越高，河流中叶凋落物的输入量和处理量逐渐降低（Vannote et al.，1980），河流中碎屑的存量也随之减少（Naiman and Sedell，1979），自养生产随河流顺序和流域面积的增加而增加，水库中物质的总体分布支持了对水库高 FPOM 输入的猜想。

此外，悬浮物运输似乎也有很强的季节性成分。这个季节性是流域土地使用和河流生产的一个函数。春季的耕作、种植和其他农业措施导致沉积物截留减少，运输沉积物中黏土颗粒的百分比降低。Schreiber 等人（1977）发现 1—7 月份黏土含量与沉积物浓度成反比关系。沉积物中黏土成分的浓度最高的时段一般是 8—10 月份植被覆盖面积最大的时候。这也对应于有机磷（P）含量在悬浮物浓度最高的时期（Schreiber and Rausch，1979），以及产水量可能最大的时期。

最后，湖泊和水库的沉积物负荷空间分布是不同的。在湖泊中，系统周围的流入物一般分布均匀（见图 3 - 1）。

与之形成对比的是，水库的大部分流入来自一个或两个相距很远的主要支流。这促进了水库内明显的物理和化学梯度的发展，这对水库生物生产力和水质具有重要影响。

3.2 沉积模式

3.2.1 三角洲

在水库源头，河流中的水流速度和湍流开始减小，导致河流挟沙能力下降。水库上游颗粒的高速沉积常常导致三角洲的形成（Harrison，1983）。三角洲的形成通常被认为是在河流入海或大湖的地方进行的（Thankur and MacKay，1973）。当河流进入河口或湖泊广阔的开阔地带时，流速、沉积物载荷和粒度分布在横向和纵向上都会变化，通常形成扇形三角洲（Sundborg，1967）。纵向维度在水库三角洲形成中是最重要的。对于水库而言，河流一般仅局限在水库水源的旧河道，因此水平维度基本保持恒定，速度、沉积物载荷和粒度分布呈纵向变化。湖泊三角洲的进积率是一个二维问题，其中纵向推进与三角洲面积的平方根成正比（见图 3-3）。水库三角洲的进积率是一个一维问题，纵向推进直接与三角洲面积成正比（见图 3-3）。

三角洲的形成、迁移和改变是一个动态的过程，可能会在湖泊和水库的每个水文气象事件后发生变化。然而，三角洲在水库的进积率可能比湖泊高得多。例如在米德湖，三角洲从 1935 年到 1948 年 13 年期间在水库中前进了 42 英里（Vanoni，1975）。在三角洲和三角洲群中的粗沙沉积可能不仅影响到水库，也影响到水库上游河流的沉积模式。

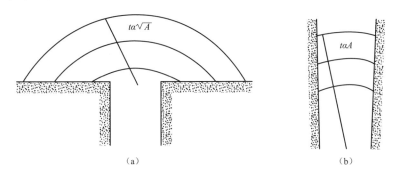

图 3-3　（a）湖泊中三角洲的形成是一个二维问题；

（b）水库中三角洲的形成是一个一维的问题

3.2.2 悬浮沉积模式

悬浮物和其他颗粒物主要在暴风雨和高速流中运输。然而，关于暴雨径流的运动及其通过水库的相关负荷的研究却很少（Kennedy et al.，1981；Thomton et al.，1980）。与流入水文图相关的低电导率测量法为通过红岩湖水库的风暴流提供了一个很好的示踪物（Kennedy et al.，1981）。暴雨径流显示出明显的短路现象，沿着旧河道流动，并在 2～3 天内通过水库。同一时期的理论水力停留时间为 5.5～9 天。在红岩湖的主要支流得梅因河流量从 141m³/s 的基本流量增加到 410m³/s。流入的平均悬浮物浓度从 159mg/L 增加到 1702mg/L。然而，在整个风暴期间，水库下部 1/3 水体的悬浮物浓度保持基本不变，表明水库上部存在显著的沉降。即使有明显的短路，沉积物捕集器的效率仍然大于 90%。在风暴之前悬浮物的中值粒径表现出从流入中值粒径 10μm 左右到大坝附近中值粒径 3.5μm 的指数下降趋势。在风暴期间，上游水中悬浮物的中值粒径降至约 6μm，随着暴雨径流的通过，逐渐增加到风暴之前的水平。由于在径流中优先侵蚀和运输细粒黏土而造成河流中黏土悬浮物的逐渐富集的现象，可以解释河流入流中颗粒悬浮物粒径分布的变化（Dendy，1981；Rhoten et al.，1979）。大坝附近的颗粒悬浮物的中值粒径相对不受风暴的影响。

德格雷湖水库的暴雨径流也沿着旧河道流动，特别是当密度流相互汇合和潜入的时候（Thornton et al.，1980）。没有测量悬浮固体浓度，所以不能明确确定沉积速率和模式。然而，与现场浊度数据配合使用的二维流体动力学模型确实提供了对通过德格雷湖的暴雨径流动的更多的理解（Johnson et al.，1981）。模型模拟表明，水库上部 1/3 水体中的悬浮物对于预测观测场的浊度非常重要。悬浮物的核心样本随后证实了德格雷湖上 1/3 水体中悬浮物的重要性（Gunkel et al.，1984）。但暴风雨对水库和湖泊水质的重要性仍相对不清楚。

3.2.3　沉积物沉降模式

水库中的纵向维度在沉积物分布中也是重要的。河流入流及其携带的泥沙一般沿着旧河道（深泓线）流动，因此，沉积物在旧河道中的沉降最初是最大的。在艾奥瓦州红岩湖进行的沉积研究显示，水库蓄水 7 年后，在水库上部的河道上沉积了大约 8m 的沉积物，在水库的下部沉积小于 1m（见图 3-4）。水库呈现平推流反应的特点，上游源头水体沉积物浓度最高水体的沉降速率高，在水库下游，沉积速率和沉积物浓度呈指数下降（Chapra，1981，Reckhow and Chapra，1983）。红岩湖的沉积速率从源头的 19.1cm/年到大坝附近的 1.4cm/年有一个数量级的差别（Gunkel et al.，1984）。McHenry 等人（1982）也发现沉降速率在入口附近到靠近出口处从 7cm/年到小于 1cm/年的范围内呈现长而狭窄的 U 形弯曲的指数下降趋势。Pharo 和 Carmack（1979）在沿河湖泊中发现了沉积速率的相似减少趋势，即从三角洲附近的 8cm/年减至在流出物附近的 0.34cm/年。

颗粒物沉降的纵向梯度也反映了颗粒物大小的纵向排列（McHenry et al.，1982；Olness and Rausch，1977，Pharo and Carmack，1979）。较大较重的沙子

和粗粒泥沙沉积在水库的三角洲地区（见图3-5）。随着流速和湍流继续减小，水库的纵向轴线上会发生额外的粒度分选。淤泥和粗粒黏土代表与细黏土和胶体物质一起沉降的下一个粒级，沉降非常缓慢。卡拉汉水库的沉积物粒度分布由入口附近的5%的砂、76%的淤泥和19%的黏土到水库中部附近小于<1%的砂、61%的淤泥和38%的黏土到出口附近0%的砂、51%的淤泥和49%的黏土（Olness and Rausch，1977）。红岩湖沉积物中也出现类似的粒度分布（Gunkel et al.，1984）（见图3-6）。

沉积物分布模式也可能间接证明了该水库的"平均"流态（见图3-5）。淤泥沿着旧河道延伸进入水库，反映了河流穿过水库的模式（Kennedy et al.，1981）。沉积物的沉降模式在沿河湖泊中表明了科里奥利效应对湖泊平均流态的重要性（Pharo and Carmack，1979）。

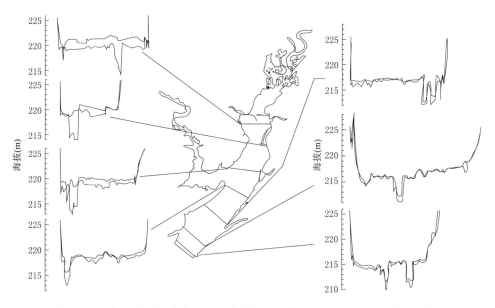

图3-4　印第安纳州红岩湖旧河道中的沉积物堆积，以及从源头（湖的顶部）到大坝（湖底）的横断面（来自Gunkel et al.，1983）

3.2.4 悬浮沉降的交互作用

水量控制是湖泊和水库之间的主要区别。控制水量不仅影响退水的区域和深度，而且影响水库内的沉积物分布。水库的防洪、水力发电、灌溉、市政和工业用水等用途会导致水位的明显波动。这些波动可能通过改变水库形态（长度、深度、容积等），混合状况，水湾与蓄水主池之间的水交换，水的滞留时间等因素进而影响沉积格局。在防洪调度和洪水蓄水期间，红岩湖可以从10km

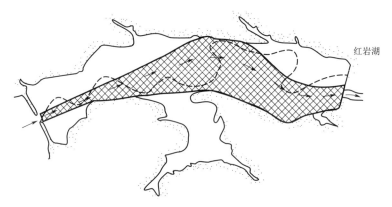

红岩湖

图 3-5　广义沉积速率分布图，显示了水库中的平均流型

(源自 Gunkel 等，1983)

长，10m 深，1.2 亿 m³ 的体积增长到 25km 长，22m 深，9.6 亿 m³ 的体积。美国威斯康星州的大淡平原水库与水力发电相结合，可能会出现深度达 10m 的波动（Kaster and Jacobi，1978）。许多水库的规则曲线包括季节性流量上升之前的水位下降期，如春季径流。

德格雷湖是一个关于形态测量和工程操作对水库沉积影响和相互作用的实例。德格雷湖是阿肯色州中南部的一个调峰水电项目。其选择性的退水口旨在允许洪水流过任何一个退水港口而不必操作深层闸门。德格雷湖选择性退水口的高度一般设置在水层的顶部或靠近顶层。德格雷湖在水库的上 1/3 部分相对较窄，然后迅速扩大（见图 3-7）。平均水力滞留时间为 1.4 年，为调峰间歇性回水。宽度的突然扩张，长时间的停留（即大容量存储），以及间歇性的表层回水，主要限制了湖泊上半部分的悬浮沉积物沉降（Gunkel et al.，1984）。在湖泊的下半部分，沉积作用非常低，沉积物的核心显示了原始的土壤和森林凋落物，只有一层薄薄的有机沉积物。德格雷湖不进行泄水时，交汇流及其载荷在 14 号横断面附近的水库上部停滞（见图 3-7），并横向扩散。这种现象也发生在许多没有或很少流出的湖泊中。在 14 号暴雨径流或水力发电这种具有大量的流入或流出的情况中，交汇流和相关的组分负荷可能会分别在分散之前通过水库。

因此，通过对沉积物的再分配、再悬浮和侵蚀，水量控制可能会显著改变水库沉积模式。高流速期的储存可能导致三角洲的形成和沉积发生在水库上游更远的地方。随着池水恢复到保持或正常的季节性水位，上游沉积的、分选的和处理过的沉积物可能会重新悬浮起来并输送到下游的池水中。当水从冲积平原退去时，更细的颗粒可能重新悬浮起来并被运送到池中重新沉淀。在取水供水、灌溉或水力发电时，也可能伴随着回水期间池水高度的波动出现类似的颗粒大小分类问题。

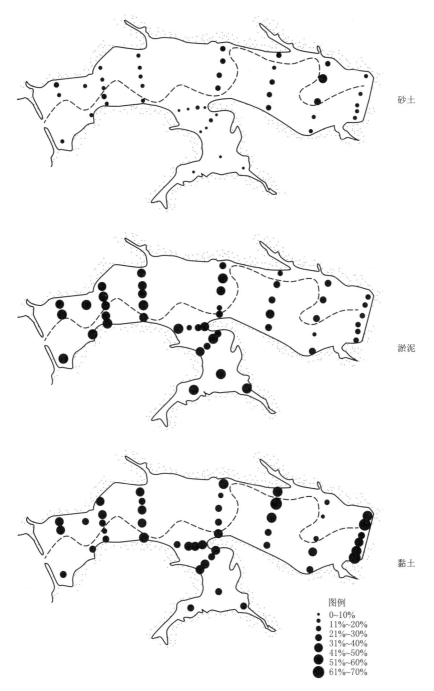

图 3-6 红岩湖的砂土（上）、淤泥（中）和黏土（碎屑）的粒度分布。在水库下部
的泥沙分布是蓄水之前淤积的沙洲造成的（来自 Gunkel et al.，1983）

37

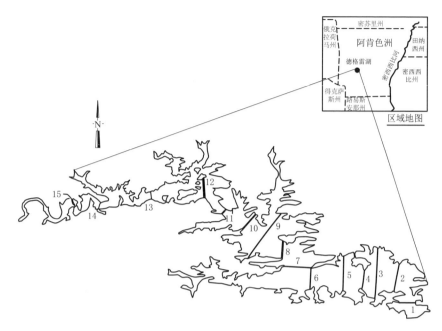

图 3-7　德格雷湖显示水库上部相对较窄，11 号横断面以下的扩展

（来自 Thornton et al.，1982）

随着水位下降，水库深层沉积的较细颗粒处在一个较低能量状态下，浅层的细颗粒沉积处于较高能量状态。对流和风力产生的直接和间接的湍流可能使从水滨直到深水区域已沉降的沉积物重新悬浮起来。密度流之间的底部潜入可以重新悬浮起密度流中的细颗粒并进一步将其输送到水库中。波动的水位可能会导致在水库周围形成大面积的泥滩。持续暴露于洪水和干燥、风力和波浪、风化作用的沉积物，也可能改变自身颗粒物的粒度分布。

重新悬浮不仅影响水库中物质重新分配的数量，还会影响水库的水质。因此，它对于预测沉积或积聚区域以及再悬浮或侵蚀区域将是有益的。Hakanson（1977，1981a，1981b，1982）已经建立了根据湖泊面积、平均深度和最大深度预测再悬浮区域之间关系的方法。描画为积累与侵蚀区域的主要变量是表层沉积物的含水量（Hakanson，同上）。这些研究与低岸线简单盆地的发育比例相关，但是探索它们对水库的适用性将是有趣的。

3.3　启示

悬浮物浓度，沉积物沉积和颗粒尺寸分布的纵向梯度清楚地表明了水库中潜在的化学和生物梯度。

3.3.1 三角洲与河岸带

由于流速在河流带迅速下降，POM一般沉降在水库的上游水域。位于田纳西州沃茨巴湖的怀特溪的沉积物样品含有夹杂着碎屑沉积层的叶、茎和枝条（Worsley and Dennison，1973）。Mandelbaum（1966）和Thornton等人（1981年）估计60%的流入沉积物分别保留在圣克莱尔河和红岩湖三角洲。这也是沙和粗沙淤积发生的区域，它们可能导致了POM的物理磨损，这些POM中大部分可能是河水浮游动物或河流输出的附生体。河流流速的降低和紊流的减少不再使藻细胞保持悬浮状态，高浊度使光穿透降至最低，因此在该区域光合作用可能较低（Cooper and Bacon，1981；Soballe，1981）。这些藻类通常是厚壁物种或硅藻，可以在河流运输过程中承受磨损，但在较低的能量状态下迅速沉降（Soballe，1981；Soballe and Kimmel，1987）。与陆地碎屑从低位溪流输入到湖泊相反，这种悬浮的藻类物质代表了高度不稳定的有机物质来源。来自陆地的碎屑输入代表了一种更难处理的有机物来源，虽然微生物的处理过程可能会产生有机碳的同化源。这种不稳定的有机物质的来源，应该支持一个以碎屑为基础的食物网，以及一种杂食性渔业。虽然区域的呼吸作用可能很高，但河岸带一般较为狭窄，混合良好，因此是增氧的。

上游条件可能影响有机质的数量和质量以及底栖生物群落的发展。土地用途影响到河流、湖泊和水库的沉积物载荷，这种影响已被广泛研究。上游蓄水和河流连续体的破坏也影响到沉积物的运输（Ward and Stanford，1983；Soballe and Kimmel，1987）。这在俄克拉何马州两个水库的有机碳输入的例子中得到了说明。特克索马湖有两条主要的河流快速地流入，分别是红河和沃希托河。这两条河流拥有基本上无管制的盆地。而吉布森堡位于近邻上游两座串联蓄水池的尼欧肖河上。吉布森堡上游的沉积物中有机碳含量非常低，而在特克索马湖两河流域中沉积的有机碳含量却相对较大（1978年）。水库对河流连续体的破坏及其对下游系统的影响是目前需要积极研究的领域。

3.3.2 过渡带

过渡带是由泥浆、粗粒到中粒黏土和POM沉降构成的。虽然这些颗粒的吸附能力不如细粒黏土的吸附能力高，但仍对迁移和沉降的磷、有机碳、铁（Ⅲ）、锰（Ⅳ）、碳酸钙和其他元素的颗粒具有吸附作用。在分层过程中，这个区域有一个相对小的部分位于湖泊之下，FPOM的生物过程可能会迅速消耗湖泊深处的溶解氧。厌氧条件和氧化还原反应导致被吸附的磷、锰（Ⅱ）和铁（Ⅱ）以及硫化物剥离在水面上（参见第5章）。随后，在整个分层的过程中，缺氧现象会从最初的水库上游逐渐蔓延到下游（第4章）。

过渡带缺氧现象的发展对沉积过程和沉积物与水的相互作用都具有潜在的影响。考虑下列因素：

（1）沉积物颗粒的絮凝随着淡水和河口系统（例如米德湖）中的电导率或离子强度的增加而增加（Sherman，1953）。

（2）河流沉积物具有比相关流域土壤更大的吸附最大值。McCallister 和 Logan（1978）将这一特征归因于不仅是河流沉积物对黏土的优先富集，而且也是由于再悬浮、氧化反应和水合作用之后暴露于河流缺氧条件下的铁黏土的化学变化。

（3）黏土颗粒不仅吸附金属和营养物质，而且还吸收溶解的有机化合物（DePinto et al.，1982；Frink，1969；Pita and Hyne，1974）。

这导致过渡带中发生以下情况。

随着过渡带前端缺氧情况的发展，氧化还原电位降低导致铵态氮浓度增加，锰、铁和磷再吸附到颗粒物质上。这增加了水面上溶解成分的离子强度和浓度，并导致较细沉淀颗粒的絮凝和沉降增加。当这种物质通过缺氧区沉降时，被吸附的成分减少，进一步增加了水面的离子强度和溶解成分的浓度。因此，在这一地带开始了如下的前馈循环：沉淀作用增加→有机物分解增加→溶解成分浓度增加→离子强度增加→沉淀增加。

过渡带的特点之一是其动态性。由于受到河流流入和水库泄水的强烈影响，缺氧地带可能会移动几千米进入水库中，逆流而上几千米，或者在一天内完全消散。在水库缺氧深水层和表水层之间溶解成分的浓度梯度条件下，单独的分子扩散可能导致缺氧区域出现显著的磷、锰和铁通量。考虑风力和平流力的影响，湍流扩散可能会大大增加溶解和颗粒物质的通量。由于这些黏土与金属的混合物被运出缺氧区，经过氧化和水合后，它们的吸附能力可能显著增加。例如，1g 新氧化的 MnO_4 具有 $300m^2$ 的表面积（Nix，个人通讯）。具有 +4 价和小胶粒大小的锰实际上可能比更大的铁（Ⅲ）粒子更能有效地清除水面的营养物质和其他阴离子。即使在低流量时期，锰也可以在储层中平均运输相当长的距离（Nix，1981a）。通过湍流减少铁-锰-黏土复合物的沉淀，所以这些微粒可以在水中保留相当长的时间。这种在水面较长时间的暴露也会增加颗粒表面吸附物质的数量。

最后，随着这些更细的颗粒被运输和氧化，它们可以立即形成较大的颗粒，从缺氧区的前缘向下沉积。Shermann（1953）发现大于 $24\mu m$ 的颗粒通常以单个颗粒形式沉淀，而小于 $24\mu m$ 的颗粒形成絮凝的聚集体。这些聚合粒子的立即沉降、它们的吸附成分和相关的微生物组合能够带来湖泊水下需氧量，并且令缺氧区持续下移。实验室和现场实验应确定这种推测是否具有实质意义。

3.3.3　湖泊区

水库下部湖泊相带的沉积模式反映了细黏土和胶体物质的沉降，以及（水库中）有机质内源性生产模式。在吉布森堡和得克萨斯州特克索马湖，高有机碳值都集中在大坝附近较深处的河道（Hyne，1978）。这种颗粒物所产生的氧气需求是否会产生靠近大坝的缺氧区域，是一个水库形态测量学、水文气象学和水库运行的函数（参见第4章）。取水量相对较小、中等深度（约20 m）、中等到强烈的热分层，以及排放温水的操作 [如阿肯色州西南部的三个水库（Nix，1981b）]，可能会在大坝附近形成缺氧区。这个缺氧区可能沿着垂直上穿水面方向和上游方向拓展，并可能与从过渡带向下游移动的缺氧带结合（Nix，1981b）。深水水库，颗粒物的氧气需求可以通过深层水库中的水柱来满足。在浅水或底部回水的中等深度水库（即峡谷水库，见第4章），这些水库具有相对大的取水量和弱至中度的热分层，可能有从充分的假潮混合作用，还有平流与风力的作用以尽量降低大坝附近缺氧区的发展。

缺氧条件的发展可能导致高浓度的铁、锰、磷和其他吸附在黏土颗粒上元素的释放。据报道，在一个河源湖的沉积物中，颗粒大小和酸萃取铁的百分比之间呈反比关系，在它的出水口附近发现了百分比最高的铁和中值粒径最小的颗粒（Pharo and Carmack，1978）。类似的沉积物和元素模式普遍存在于水库和河源湖中（见表3-1）。

沉积作用也可能有助于造成湖泊表面氧气的最小值。Nix（个人通讯）发现，德格雷湖表面最小值的量级取决于升高的泉流的顺序和温度分层的发生。

如果泉流提高先于温度分层发生，则与这些水流相关的有机负荷一般分散在整个水面上。如果分层的发生先于泉流的提高，则有机载荷可能通过交汇流进入湖泊表面，导致湖泊表面更高的需氧量。

表 3-1 在颗粒尺寸分布和化学成分（即有机碳、磷、金属等）方面
表现出纵向梯度的水库油藏和河源湖

库 区	元 素	研 究 者
卡拉汉水库	P	Olness 和 Rausch (1977)
德格雷湖	P，Fe，Mn	Gunkel 等 (1984)
		Thornton 等 (1982)
欧加尔湖	P，Fe，Mn	Gunkel 等 (1984)
坎卢普斯湖	Fe	Pharo 和 Carmack (1979)
红岩湖	Fe，Mn	Thornton 等 (1981)
特克索马湖	有机碳	Hyne (1979)
沃茨巴湖	有机碎屑	Worsley 和 Dennison (1973)
西点湖	P，Fe，Mn	Gunkel 等 (1984)
沃尔夫湖	P	McHenry 等 (1982)

有机负荷对水库代谢的重要性需要作为流域面积特征、水文气象学、水库形态测量和水量控制的函数来研究。Lind（1971）认为，韦科水库的本地生产量约为年度能源预算的 3 倍。

然而，在红岩湖中，悬浮颗粒物与浮游植物的相互作用导致了在河岸带的等效的生产和呼吸作用（$P:R=1.3$），但是在水库下游部分的环境却是异养的（$P:R=0.4$）。在古比雪夫水库和雷宾斯克水库，不管水库中有机质的产量如何，外来有机质是本地生产有机质量的大约 3 倍（Ivatin，1974）。

3.3.4　波动的水位

水位波动，包括水库冬季水位下降，是水库生态系统的主要非生物胁迫（Ryder，1978）。关于土壤的淹水和脱水以及相关的沉积物组成和化学变化，农学家和其他从事水箱等经济作物研究的科学家已经进行了大量研究，Whitlow 和 Harris（1979）将这些信息应用于水库。洪水的主要影响之一是促进沉积物由有氧到厌氧的迅速转化（即不到一天，Whitlow and Harris，1979）。虽然沉积物表面的铵态氮、磷、铁、锰等重新溶解元素对其迁移的重要性尚不明确，但风、浪作用下的沉积、侵蚀或再悬浮，会将水库表面的水暴露在浓度相对较高的这些元素中。在俄克拉何马州的卡尔•布莱克韦尔湖，大风、锋面的通过，将已经沉降的沉积物重新悬浮在 1m 左右的深度（Lake Nortwell，1968）。淹水、脱水和再悬浮的周期交替可能导致沉积物及其相关成分在水库中的显著运输、交换和再沉积，并增强其与上覆水体的相互作用（Baxter，1985）。

3.3.5　养分负荷模型

许多营养负荷模型中的重要系数是沉降速率或沉降速度系数。最近的营养负荷模型强调了湖泊和水库沉积模式之间的差异（Chapra，1981；Higgins and Kim，1981；Mueller，1982）。大多数湖泊模型假设湖泊是一个完全混合的反应体，而最近的水库模型假定水库是一个平推流反应体。这两种假设都不符合实际应用的需要，然而，这两个模型在比较湖泊和水库沉积模式之间的理论差异是重要的。水库呈现出平推流反应体上游沉降率高的特点，其中上游悬浮物的浓度最高，沉降作用随着悬浮物浓度从上游向水库下游降低而呈指数下降趋势。沉积作用的这些纵向梯度也导致了水库或河源湖营养状态从上游的富营养化到大坝贫营养状态的纵向梯度（Hannan et al.，1981；Peters，1979；Thornton et al.，1981，1982；Kimmel and Groeger，1984；第 4 章）。Chapra（1981）提出了一个在河源湖水库动力学中考虑固体的例子，悬浮固体的去除可能会显著降低系统的水质。根据湖泊数据库开发的多种营养盐负荷模型被直接应用于未经测试或改造的水库，可能是不合理的。

3.4 思考

这个讨论的主要目的是指出沉积物与水相互作用对水库过程和生态系统响应的重要性。虽然沉积过程在水库湖沼学中显然起着重要的作用，但对于水库的这些过程我们仍然所知甚少。由于本书的目的是促进关于水库湖泊学过程的讨论，我们提供以下总结性陈述供考虑：

（1）漫滩上的土地利用决定了水库中沉积物和吸附成分的载荷。洪泛区以外土地利用影响的减少值是河流距离的幂函数。

（2）水库对黏土和有机质的承载受季节影响，季节因素对系统的响应有重要影响。外来的有机负荷可能是水库中碳的重要来源。

（3）从上游到大坝的沉降差异不仅导致了沉积物粒径的纵向梯度，还导致了化学成分和生物组合中的纵向梯度。

（4）过渡带缺氧条件的发展可能会形成一个前馈回路，促进颗粒的附加沉降和化学蚀变。

（5）悬浮黏土颗粒的吸附-解吸反应可以去除混合层中的养分、有机碳和金属。

（6）水位波动可能会显著增加水库中的沉积物和水的相互作用，并导致水面固体和营养物质浓度的增加。

（7）水位波动促进了水湾与主水池之间的沉积物和吸附成分的交换。

（8）平推流式营养负荷模型应比从湖泊数据库开发的模型更好地描述了水库营养特征。

参考文献

Bachmann，R. W. 1980. The role of agricultural sediments and chemicals in eutrophication. Wat. Pollut. Contr. Fed. 52：2425 – 2437.

Bilby，R. E. and G. E. Likens. 1979. Effect of hydrologic fluctuations on the transport of fine particulate organic carbon in a small stream. Limnol. Oceanogr. 24：69 – 75.

Chapra，S. C. 1981. Application of phosphorus loading models to river-run lakes and other incompletely mixed systems. Pages 329 – 334 in Restoration of lakes and inland waters. EPA 440/5 – 281 – 010 , United States Environmental Protection Agnecy.

Chow，V. T. , ed. 1964. Handbook of applied hydrology. McGraw-Hill Book C. New York , NY.

Cooper，C. M. and E. J. Bacon. 1981. Effects of suspended solids on primary productivity in Lake Chicot , Arkansas. Pages 1357 – 1367 in H. G. Stefan, ed. Proceedings of the symposium on surface water impoundments. Amer. Soc. Civil Engr. New York ，NY.

Cummins，K. W. 1974. Structure and function of stream ecosystems. Bioscience. 64：631 – 641.

Cummins，K. W.，J. R. Sedell，F. J. Swanson ，G. W. Minshall ，S. G. Fisher ，C. E. Cushing，R. C. Petersen ，and R. L. Vannote. 1983. Organic matter budgets for stream eco- systems：Problems in their evaluation ，pages 299 – 353. In J. R. Barnes and G. W. Min- shall eds. Stream ecology：Application and testing of general ecological theory. Plenum Press，New York ，NY. 399 p.

Dendy，F. E. 1981. Sediment yield from a Mississippi delta cotton field. Env. Qual. 10：482.

DePinto，J. V.，T. C. Young ，and S. C. Martin. 1982. Aquatic sediments. Wat. Pollut. Contr. Fed. 54：855 – 862.

Duffy，P. D，J. D. Schreiber ，D. C. McClurkin ，and L. L. McDowell. 1978. Aqueous and sediment - phase phosphorus yields from five southern pine watersheds. Env. Qual. 7：45 – 50.

Eagleson，P. S. 1970. Dynamic hydrology. McGraw-Hill Book Co. ，New York ，NY.

Fisher，S. G. and G. E. Likens. 1973. Energy flow in Bear Brook ，New Hampshire：An integrative approach to stream ecosystem metabolism. Ecol. Monogr. 43：421 – 439.

Frink，C. R. 1969. Chemical and mineralogical characteristics of eutrophic lake sediments. Soil Sci. Soc. Am. Proc. 33：369 – 372.

Gunkel，R. C.，R. F. Gaugush ，R. H. Kennedy ，G. E. Sand，J. H. Carroll ，and J. Cauthey. 1984. A comparative study of sediment quality in four reservoirs. Technical Report E - 84 - 2. U. S. Army Engineers Waterways Experiment Station ，Vicksburg ，MS.

Hakanson，L. 1977. The influence of wind ，fetch，and water depth on the distribution of sedi- ments in Lake Vanem ，Sweden. Can. Earth Sci. 14：379 – 412.

Hakanson，L. 1981a. On lake bottom dynamics – the energy – topography factor. Can. Earth Sci. 18：899 – 909.

Hakanson，L. 1981b. Determination of characteristic values for physical and chemical lake sedi- ment parameters. Wat. Resour. Res. 17：1625 – 1640.

Hakanson，L. 1982. Lake bottom dynamics and morphometry - the dynamic ratio. Wat. Re- sour. Res. 18. 1444 – 1450.

Hannan，H. H. ，D. Burrows ，and D. C. Whitenberg. 1981. The trophic status of a deep- storage reservoir in central Texas. Pages 425 – 434. In H. G. Stefan，ed. Proceedings of the symposium on surface water impoundments. Amer. Soc. Civil Engr. New York.

Hebel，S. J. 1981. The use of fallout Cesium – 137 to determine patterns of soil movement and their implications for land management and water quality planning. M. S. Thesis. ，University of Illinois，Urbana ，IL.

Higgins，J. M. and B. R. Kim. 1981. Phosphorus retention models for Tennessee Valley Au- thority reservoirs. Water Resour. Res. 17：571 – 576.

Hyne，N. J. 1978. The distribution and source of organic matter in reservoir sediments. Env. Geol. 2：279 – 287.

Ivatin，A. V. 1974. Production of phytoplankton and decomposition of organic matter in the

Kuybyshev Reservoir. Hydrobiol. 10: 49 – 52.

Johnson, A. H. , D. R. Bouldin , E. A. Joyette, and A. M. Hodges. 1976. Phosphorus loss by stream transport from a rural watershed: Quantities , processes, and sources. Env. Qual. 5: 148 – 157.

Johnson, M. C. , D. E. Ford , E. M. Buchak. and J. E. Edinger. 1981. Analyzing storm e-vent data from DeGray Lake, Arkansas using LARM. Amer. Soc. Civil Engr. Presentation , Fall Meeting. St. Louis, MO.

Kaster, J. L. and G. Z. Jacobi. 1978. Benthic macroinvertebrates of a fluctuating reservoir. Freshwat. Biol. 8: 283 – 290.

Kennedy, R. H. , K. W. Thornton , and J. H. Carroll. 1981. Suspended sediment gradients in Lake Red Rock. Pages 1318 – 1328 in H. G. Stefan , ed. Proceedings of the symposium on surface water impoundments. Amer. Soc. Civil Engr. New York , NY.

Kimmel, B. L. and A. W. Groeger. 1984. Organic matter supply and processing in lakes and reservoirs. ALMS Proceedings in Lake and Reser. Mgt. U. S. EPA 440/5/84 – 001. p. 277 – 281.

Lind, O. T. 1971. The organic matter budget of a central Texas reservoir. Pages 193 – 202 in G. E. Hall , ed. Reservoir fisheries and limnology. Am. Fish. Soc.

Mandelbaum, H. 1966. Sedimentation in the St. Clair River delta. Great Lakes Res. Div. Pub. 15: 192 – 202.

Marzolf, G. R. 1981. Some aspects of zooplankton existence in surface water impoundments. Pages 1392 – 1399 in H. G. Stefan, ed. Proceedings of the symposium on surface water im-poundments. Amer. Soc. Civil Engr. New York , NY.

McCallister, D. L. and T. J. Logan. 1978. Phosphate adsorption-desorption characteristics of soils and bottom sediments in the Maumee River basin of Ohio. Env. Qual. 7: 87 – 92.

McHenry, J. R. , C. M. Cooper , and J. C. Ritchie. 1982. Sedimentation in Wolf Lake, lower Yazoo river basin , Mississippi. Freshwat. Ecol. 1: 547 – 558.

Minshall, G. W. 1978. Autotrophy in stream ecosystems. Bioscience 28: 767 – 771.

Minshall, G. W. , K. W. Cummins, R. C. Peterson , C. E. Cushing , D. A. Bruns, J. R. Sedell, and R. L. Vannote. 1985. Developments in stream ecosystem theory. Can. J. Fish. Aquat. Sci. 42: 1045 – 1055.

Mueller, D. K. 1982. Mass balance model estimation of phosphorus concentrations in reser-voirs. Wat. Resour. Bull. 18: 377 – 382.

Naiman, R. J. and J. R. Sedell. 1981. Stream ecosystem research in watershed perspective. Verb. Int. Verein. Limnol. 21: 804 – 811.

Naiman, R. J. 1980. Relationships between metabolic parameters and stream order in Oregon. Can. Jour. Fish Aquat. Sci. 37: 834 – 847.

Naiman, R. J. and J. R. Sedell. 1979. Characterization of particulate organic matter transpor-ted by some Cascade Mountain streams. JFRBC 36: 17 – 31.

Nix, J. 1981a. Contribution of hypolimnetic water on metalimnetic dissolved oxygen minima in a reservoir. Wat. Resour. Res. 17: 329 – 332.

Nix, J. L. 1981b. Report on water quality reconnaissance of Lakes Dierks , DeQueen , Gillham, and Millwood, Arkansas. U. S. Anny Engineer Little Rock District. 34 pp.

Norton, J. L. 1968. Distribution character and abundance of sediment in a 3000 acre impoundment in Payne County, Oklahoma. M. S. Thesis, Oklahoma State University, Stillwater, OK.

Ogg, C. W., R. Heimlich, and H. Pionke. 1980. Efficiently reducing nonpoint phosphorus loads to lakes and reservoirs. Wat. Resour. Bull. 16: 967 – 970.

Olness, A. and D. Rausch. 1977. Callahan Reservoir: III. Bottom sediment-water-phosphorus relationships. Trans. Am. Soc. Ag. Engr. 20: 291 – 297, 300.

Peters, R. H. 1979. Concentration and kinetics of phosphorus fractions along the trophic gradients of Lake Memphremagog. J. Fish. Res. Board. Con. 36: 970 – 979.

Pharo, C. H. and E. C. Carmack. 1979. Sedimentation processes in a short residence-time intermontane lake, Kamlooops Lake, British Columbia. Sedimentology. 26: 523 – 541.

Pita, F. W. and N. J. Hyne. 1974. The depositional environment of zinc, lead and cadmium in reservoir sediments. Wat. Res. 9: 701 – 706.

Reckhow, K. H. and S. C. Chapra. 1983. Engineering approaches for lake mangement. Data analysis and empirical modeling. Ann Arbor Science, Ann Arbor, MI. 340 pp.

Rhoten, F. E., N. E. Smeck, and L. P. Wilding. 1979. Preferential clay mineral erosion from watersheds in the Maumee River basin. Env. Qual. 8: 547 – 550. Ryder, R. A. 1978. Ecological heterogeneity between north-temperate reservorrs and glacial lake systems due to differing succession rates and cultural uses. Verh. Int. Verein. Limnol. 20: 1568 – 1574.

Schreiber, J. D. and D. L. Rausch. 1979. Suspended sediment phosphorus relationships for the inflow and outflow of a flood detention reservoir. Jour. Env. Qual. 8: 510 – 514.

Schreiber, J. D., D. L. Rausch, and L. L. McDowell. 1977. Callahan Reservoir. II. Inflow and outflow suspended sediment phosphorus relationships. Trans. Am. Soc. Ag. Engr. 20: 285 – 290.

Sharpley, A. N., S. J. Smith, R. G. Menzel, W. A. Berg, and O. R. Jones. 1987. Precipitation and water quality in the Southern Plains. NALMS Proceedings in Lake and Reser. Mgt. Vol. 3, 379 – 384.

Sharpley, A. N. and J. K. Syers. 1979. Phosphorus inputs into a stream draining an agricultural watered. II: Amounts contributed and relative significance of runoff types. Wat. Air. Soil Pollut. 11: 417 – 428.

Sherman, I. 1953. Flocculent structure of sediment suspended in Lake Mead. Trans. Am. Geophys. Union. 34: 394 – 406.

Soballe, D. M. 1981. The fate of river phytoplankton in Red Rock Reservoir. Ph. D. Thesis, Iowa State University, Ames, IA.

Soballe, D. M. and B. L. Kimmel. 1987. A large scale comparison of factors influencing phytoplankton abundance in rivers, lakes, and impoundments. Ecology 68: 1943 – 1954.

Sundborg, A. 1967. Some aspects of fluvial sediments and fluvial morphology 1. General views and graphic methods. Geografiska Annal. 49A: 333 – 343.

Statzner, B. and B. Higler. 1985. Questions and comments on the River Continuum Concept. Can. J. Fish. Aquat. Sci. 42: 1038 – 1044.

Thakur; T. R. and D. K. MacKay. 1973. Delta processes. Pages 509 – 530 in Proceedings of the Hydrol. symp. , fluvial processes and sedimentation. Nat. Res. Council , Ottawa, Canada.

Thomas, W. A. 1977. Sediment transport , HEC-IHD – 1200, Vol. 12. U. S. Army Engineer Hydrologic Engineering Center , Dayis, CA.

Thornton, K. W. , R. H. Kennedy , J. H. Carroll , W. W. Walker , R. C. Gunkel , and S. Ashby. 1981. Reservoir sedimentation and water quality -an heuristic model. Pages 654 – 661 in H. G. Stefan, ed. Proceedings of the symposium on surface water impoundments. A-mer. Soc. Civil Engr. New York , NY.

Thornton, K. W. , J. F. Nix , and J. D. Bragg. 1980. Coliforms and water quality: Use of data in project design and operation. Wat. Resour. Bull. 16: 86 – 92.

U. S. Geological Survey. 1977. National handbook of recommended methods for water-data acquisition. Office of Water Data Coordination. U. S. Department of the Interior, Reston , VA.

U. S. Senate Select Committee on National Water Resources. 1960. Pollution Abatement Committee Print No. 9. 86th Congress. 2nd Session.

Vannote, R. L. , G. W. Minshall , K. W. Cummins , J. R. Sedell, and C. E. Cushing. 1980. The river continuum concept. Can. Jour. Fish. Aquat. Sci. 37: 130 – 137.

Vanoni, V. A. , ed. 1975. Sedimentation engineering. Amer. Soc. Civil Engr. New York , NY.

Viessman, W. , Jr. , J. W. Knapp. G. L. Lewis , and T. E. Harbaugh. 1977. Introduction to hydrology. Harper and Row Publishers , New York , NY.

Verhoff, F. H. , D. A. Melfi , and S. M. Yaksich. 1979. Storm travel distance calculations for total phosphorus and suspended materials in rivers. Wat. Resour. Res. 15: 1354 – 1360.

Verhoff, F. H. and D. A. Melfi. 1978. Total phosphorus transport during storm events. J. Env. Engr. Amer. Soc. Civil Engr. 104: 1021 – 1023.

Ward J. W. and J. A. Stanford. 1983. The serial discontinuity concept of lotic ecosystems, pages 29 – 42. In T. D. Fontaine and S. M. Bartell , eds. Dynamics of lotic ecosystems. Ann Arbor Science Publishers Inc. , Ann Arbor , MI. 494p.

Whitlow, T. H. and R. W. Harris. 1979. Flood tolerance in plants: A state-of-the-art review. Technical Report E – 79 – 2. United States Army Engineer Waterways Experiment Station, Vicksburg , MS.

Wilkin, D. C. and S. J. Hebel. 1982. Erosion , redeposition , and delivery of sediment to midwestern streams. Wat. Resour. Res. 18: 1278 – 1282.

Worsley, T. R. and J. M. Dennison. 1973. Sedimentology of White Creek Delta in Watts Bar Lake , Tennessee. Pages 360 – 375 in W. C. Ackermann , G. F. White , and E. B. Worthington , eds. Man-made lakes: Their problems and environmental effects. Am. Geophys. Union Monograph.

第 4 章 溶解氧动力学

THOMAS M. COLE AND HERBERT H. HANNAN

各种蓄水池中溶解氧（DO）动力学均建立在同样的湖泊学原理和机制之上，这在湖泊学教科书和其他文献中均有描述。虽然湖泊中溶解氧的通用表达式也能在水库中发现，但在水库中对各种模式的总体发展和解释是不同的。

水库可分为干流型（河流型）、过渡型和深水型。尽管通常认为不同类型的水库在湖泊学上是不同的，但沿着一个长型深层水库的径流方向，每种类型水库的湖泊学特征均可以显而易见。从浅水水域到坝前的最深区域，深水水库连续显示了所有类型水库的特征。

本章首先介绍了水库中溶解氧的影响因素，然后研究了通用的长型深层水库的溶解氧动力学，阐述了通用纵向模式中的变量，重点为春季水库热分层后的溶解氧动力学。

4.1 水库中溶解氧分布影响因素

4.1.1 水温

由于水体中氧的溶解度随水温降低而升高，如果仅仅由这种物理条件决定，水库在夏季分层时，底部低温水中的溶解氧浓度要高于表层高温水（Ruttner，1963）。这在著名的通常用于贫营养化湖泊的直角台阶氧曲线中得到体现。水库中恒温层实际水温和溶解氧浓度从夏季到夏季的年际变化主要依赖于春季分层开始时的水温。这种水温和溶解氧的变化在水库中比在天然湖泊中更为明显，主要取决于恒温层水流的流入和流出。

温度对氧浓度的影响已经在许多领域研究中得到证实。伊利湖的严重富营养化就是一个明证，在超过 30 年的时间内，由于恒温层水温的升高，导致了缺氧加剧（Charlton，1980）。深水水库上部缺氧区域的初期发展也部分归因于其恒温层的水温比下部恒温层的高（Haberle，1981）。Weibe（1939a）在他经典的关于诺里斯水库的论文也发现了这种关系。水温也被发现是 5 个瑞典湖泊中泥沙携氧的控制性因子（Graneli，1978）。

接收热电厂排放热水的水库有相当高的水温，会降低氧的饱和值，增强生物的呼吸作用，增加生物需氧量（Krenkel et al.，1968）。这些水库通常沿着水库内排放口有纵向梯度的水温降低和溶解氧升高。

水库的温度模式受夏季分层时改变恒温层水温的水流影响。底部泄流的水库在高出流期间，温度最低的恒温层水通常流出，由上层更高水温的水体补充。因此，恒温层水的水温在高出流的年份要高于低出流的年份。在某些情况下，不同年份的水温差异可高达 10℃，这理论上将会使呼吸速率翻倍（Haberle，1981）。上述将导致高流量年份恒温层摄氧量增加。大洪水可能减弱水库热分层的长度（Wiedenfeld，1980）并引起秋季对流（Ebel and Koski，1968；Raheja，1973）。

4.1.2 水流

水库的河流区域接收来自上游河流的来流，将影响水库所有区域的溶解氧分布和浓度。来流常常形成密度流（参见第 2 章），这将极大改变已有的依赖水流流向和水位形成的溶解氧情势。

密度流会影响表层、变温层和恒温层的溶解氧浓度。在几个水库中，低溶解氧水体的内部流动是引起变温层水体氧含量最小值的原因（Weibe，1939a，1939b，1940；Oendy，1945）。含氧水体由于内部流动常常变成脱氧水体（Soltero et al.，1974b；Wunderlich，1971），可能导致变温层含氧最小值水体在水库长度方向延伸。上述现象常常发生在洪水期间（Wiedenfeld，1980）。内部流动也可以增加水库中的溶解氧浓度（Lyman，1944；Hrbacek et al.，1966；Rettig，1980）。如果流入水体密度较大，将作为底流进入水库并沿水库长度方向停留在底部。这些底流能输送溶解氧含量较高的水体进入水库下层滞水区（Wiebe，1938；Hrbacek et al.，1966；Eley，1967）。这种情况通常发生在梯级水库中上游水库释放下层滞水区的冷水到下游水库过程中（Oendy and Stroud，1949；Larson，1980）。由于大气交换和光合作用，表层水体通常处于溶解氧饱和状态，因此水库溢流对水库的溶解氧浓度直接影响很小。

来流量对水库溶解氧情势通常起决定性作用。春季分层形成的水库河流区和过渡区的恒温层缺氧区可能被大的来流驱散（Latif，1973；Leentvaar，1973；Wiedenfeld，1980；Johnson and Page，1980），但在夏季分层的低流量期间再次形成（Haberle，1981）。低流量时期的缺氧区比正常流量的更加靠近上游（Haberle，1981）。在极低流量期间，缺氧区可能延伸至水库上游的来流河道（Hall，Bynum，and Caldwell，未发表数据）。

出水口的位置对于确定水库内部溶解氧的分布也有非常重要的作用。底部出流的水库比表面出流的水库恒温层溶解氧浓度高大约 4mg/L（Tenant et al.，1967；Stroud and Martin，1973）。表层取水的水库会增加恒温层水体的滞留时间，这将引起恒温层由于耗氧过程而产生更大的脱氧化（Stroud and Martin，1973）。底部出流水库的下泄水体中也会释放溶解水体中的营养物质，这将会减少湖泊区的营养物质，降低相应的初级生产力，从而减少需氧量。

中部取水口对恒温层整体溶解氧含量的影响在本质上跟底部出流的相同（Stroud and Martin，1973）。不管怎样，中部取水的水流能引起水库底部缺氧区的水流移动到出口附近形成最小含氧量，从而使得取水口以下区域的溶解氧含量增加（Ebel and Koski，1968）。中部取水水流在秋季和冬季可能有足够的强度来阻止水流顺利混合（Johnson and Page，1980）。因此，恒温层溶解氧在冬季可能变得很低。

4.1.3　形态

两个有同样营养核区和初级生产速率的湖泊，由于不同的恒温层体积，它们恒温层的溶解氧浓度会不同（Wetzel，1975）。这种恒温层溶解氧和恒温层体积的关系同样适用于水库。在一个典型的水库中，水库恒温层的体积和恒温层溶解氧的总量从库尾河段到大坝沿程增加。因此，恒温层溶解氧浓度减少将首先发生在恒温层溶解氧的数量相对较小的水库库尾，然后随着时间推移发展到库首。

Weibe（1941）在他早期对诺里斯水库密度流的工作中指出了水库形态对溶解氧分布的重要性。他预测相对深、长和窄的水库将促进水库中溶解氧最小值的发展，随后在和诺里斯水库形态相近的海沃西水库和赫灵顿湖中也观察到了这种现象。水库形态和水动力学交互，同时与水温共同作用，带来促进水库中溶解氧最小值发展的几个机理。这些机理将在后面进行讨论。

4.1.4　外来输入

水库由入库河流通过地表径流、地下渗流和流域内点源等方式形成。流域内某一特定区域的河水往往有其自身的化学特性，当它进入或通过水库时，这些特性会保留或失去。通常，它保留特性，形成富含有机物和营养物质的水库中的细胞或层。有机物通常导致细胞或层缺氧，而营养物质的增加往往引起水华，使得氧气饱和。这些影响在大洪水事件之后尤为明显。在一个深水水库热分层期间，百年一遇的洪水可以作为内部流动进入水库并沿着水库径流方向移动（Wiedenfeld，1980）。这种内部流动保留了来流特性，变得缺氧，在湖泊河段形成变温层金属氧最小值，当水从恒温层流出时含氧量降低。

入库河流含有的由溪流携带的泥沙常常在过渡带减少，形成泥沙沉降区。入流中有机物质由于颗粒和重量较小，不会立即在泥沙沉降区沉降，而是会继续向下游运动（Frink，1969；Hyne，1978）。有机物质有相当大的溶解氧需求，它们沉降的区域通常就是水库中缺氧区域开始发展的地方。

4.1.5 光合作用与呼吸作用

浮游植物是水库中溶解氧的主要贡献者。水生植物和藻类对水库中溶解氧虽然很重要，但其贡献仍然难以确定。

一般认为光合作用是造成水库表层溶解氧脉动的原因。一个昼夜的脉冲通常是从黎明或早晨的时候较低值开始增长到傍晚较高值，然后在整个晚上由于生物群落的呼吸作用持续耗氧开始逐渐降低。溶解氧的昼夜脉冲在水库中的河流段比湖泊段更常见，但在湖泊段中大的库湾，由于大量岸边植物和丰富浮游植物而使得情况不同。

发生在水库湖泊区的变温层氧最大值和最小值分别是对浮游植物产氧和耗氧的响应。此外，变温层氧最小值主要由于细菌（Kusnetzov and Karsinken，1931；Drury and Gearheart，1975）和浮游动物（Shapiro，1960；Baker et al.，1977）的呼吸引起，而变温层氧最大值则由沿岸带水生植物引起（Wetzel，1975）。

水库恒温层常常缺氧。细菌呼吸作用对水沙交界面溶解氧浓度影响的重要性已广为人知，但近期研究表明，细菌的呼吸作用对恒温层以上水体的溶解氧动力学也很重要（Lund et al.，1963；Lasenby，1975；Cangialosi，1976；Lepak，1976）。

4.1.6 风

风主要通过风力引起的混合将下层水移动到表层，对水库中溶解氧分布产生影响。这有助于维持氧气扩散到水体中所需的分压差，使水体中溶解氧增加；也可将过饱和水带到表层，水体中的溶解氧向大气扩散引起溶解氧减少。上述两种情况下，风力混合均有助于维持水库分层期间表层水和水库翻转后整个水体溶解氧的相对均匀。在少风或无风的日子里，由于浮游植物大量繁殖伴随的光合作用，常常会发现溶解氧的增加。随后风将这些植物沿着风浪带散播，带来溶解氧较高的细胞（Thornton，个人通讯）。而这些植物的死亡和腐烂通常会引起与最初繁殖差距极大的溶解氧缺乏（Wegner，个人通讯）。

风对溶解氧分布最大的影响可能发生在初秋季节，冷锋带来的大风可以在一天内使水库溶解氧分布完全翻转。Beadle（1974）提出证据表明风是决定亚热带湖泊持久分层及溶解氧分布的主要因素。他还指出由于在表层和恒温层之间常常存在温差，风引起的表层水蒸发降温可能降低水体中的热稳定性，从而有助于风力引起的深层混合。

风引起的混合作用受风强、风向（与水库方向的关系）、周围地形（决定水库暴露风中）、风浪带、水深以及水库的热稳定性等因素影响。对于水库而言，这些因素大多数从河流带到湖泊区是变化的，因此风对溶解氧浓度的影响也是沿纵向变化的。通常在湖泊区风浪带和风中暴露均最大，风力混合作用最大。湖泊区表层水中的溶解氧变化比河流区更深而变化更小。

4.2 水库恒温层耗氧的一般模式

对任意一个水库或多个水库，恒温层耗氧模式在空间和时间上变化很大。尽管如此，还是发现了一个既适用于贫营养水库又适用于富营养化水库的恒温层耗氧通用模式（见表 4-1）。在春季分层开始时，缺氧区首先在水库下层泥沙沉降带末端的深泓线产生，然后发展到水库的上层和下层。这种纵向发展在整个夏季分层持续，直到缺氧区向上游到达入库的自由流动河流，向下游到达大坝，或者直到秋天来临。同时，缺氧区还会从深泓线垂向向上和侧向向外发展，直到到达一个相对很深的通常溶解氧很低的稳定的变温层，或者被秋季翻转驱散。恒温层缺氧区通常在纵向上的发展速度大于垂向上（Haberle，1981）。发展的时间可以从浅水富营养化水库的几天到贫营养化长型水库的数月（Hannan，1979）。

这种普遍的恒温层耗氧模式是流动和形态相互作用的结果，这种交互作用会影响泥沙沉降、初级生产力、满足恒温层需氧的可用溶解氧以及恒温层的水温状况（见图 4-1）。耗氧首先发生在水库恒温层过渡带中泥沙沉降带的末端，这个区域有大量外来的小颗粒的有机物质，耗氧率高。这个区域流速降低引起泥沙沉降，使得阳光穿透率增加，允许浮游植物数量增加，也会使恒温层有机物质增加。由于浮游植物群落从入流水体和泥沙中持续接收营养物质，过渡区的初级生产力保持在一个高水平。

表 4-1 呈现下层缺氧带发展的水库

水库及所在区域	研究学者（年份）
诺里斯水库，田纳西州	Weibe（1938）；Dendy（1945）
象山水库，新墨西哥州	Ellis（1940）
切罗基水库，田纳西州	Lyman（1944）；Iwanskietal（1979）；Gordan and Nicholas（1977）
威廉米特河，俄勒冈州	Fish and Wagner（1950）
拉尼尔湖，华盛顿州	Vanderhoof（1965）
斯拉皮水库，捷克和斯洛文尼亚	Hrbacek and Straskraba（1966）

水库及所在区域	研究学者（年份）
丰塔纳水库，北卡罗来纳	Louder and Baker（1966）
科里卡瓦水库，捷克和斯洛文尼亚	Fiala（1966）
布朗利水库，俄勒冈州与爱达荷州交界处	Ebel and Kçski（1968）
比格霍恩湖，蒙大拿与怀俄明州交界处	Soltero et al.（1974a）
长湖，华盛顿州	Soltero et al.（1974a，1975）
德格雷水库，阿肯色州	Nix（1974）
森特希尔水库，田纳西州	Gnilka（1975）
卡里巴湖，赞比亚与津巴布韦交界处	Bowmaker（1976）
峡谷水库，得克萨斯州	Hannanetal（1979）； Wiedenfeld（1980）； Haberle（1981）；Hall， Caldwell，and Bynum（未发表数据，1981）； Bira（未发表数据，1982）
利文斯顿湖，得克萨斯州	Rawson（1979）
沙斯塔湖，加利福尼亚州	Rettig（1980）
诺曼湖，南卡罗来纳州	Foris（个人通讯，1981）
比弗湖，阿肯色州	Brown（个人通讯，1981）

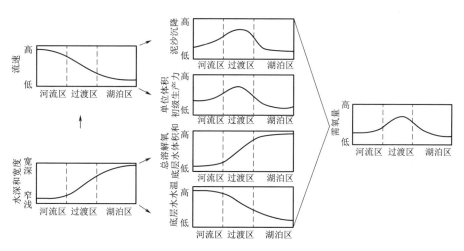

图 4-1 水库纵向上确定需氧量的泥沙沉降区流速、水深、区域初级生产力、恒温层水体积和总溶解氧，以及恒温层水温的分布关系

恒温层脱氧作用发生的速度依赖于恒温层中可用溶解氧的总量和有机物质氧化作用发生的温度。过渡区的恒温层体积比湖泊区小。这使得用来满足恒温层需氧的溶解氧总量较低。水库的形态使得过渡区的水温整体上比湖泊区的相对要高，反过来引起呼吸速率加快。由于氧的溶解度和温度的关系，过渡区中恒温层较高的温度将使得可用溶解氧更少。上述因子使得过渡区恒温层的生物需氧量最高，导致这一区域最先形成缺氧区。

夏季分层期间恒温层缺氧条件发生和持续的时间变化范围可长达 2 个月，受温度、水流和风等年度差异的作用（Wegner，个人通讯）。温暖、无风和低流量的年份，水库分层可能从早春开始，缺氧条件在夏初开始发展。相反，寒冷、有风和高流量的年份，热分层会推迟，恒温层缺氧条件直到夏末才会形成。显然，恒温层缺氧的发生和持续时间依赖于控制春季分层和秋季翻转的气象因子。这种恒温层缺氧条件开始和持续时间的年际差异在气象条件年际差异大的区域更为明显。

缺氧区最初形成的位置及其上游下游边界主要由水流决定（见图 4-2）。为了让缺氧发展，恒温层水体必须脱离复氧机制。一段时间的高流量将复氧向水库下部延伸，也会使泥沙沉降区向水库下部移动。这将导致缺氧区的初始位置也向水库下部移动。一年的低流量将导致泥沙沉降带更靠近水库上部，使得分层也向水库上部延伸，从而使得缺氧区的初始形成位置也在同一方向上移动。

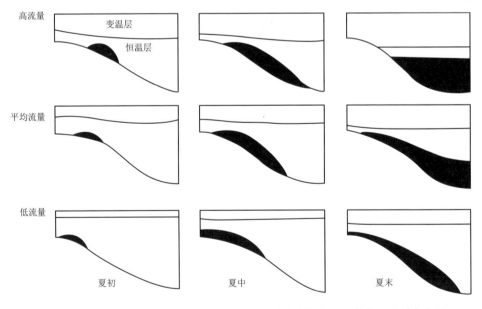

图 4-2　高流量、平均流量和低流量年份深水水库中缺氧区初始位置及纵向发展

　　缺氧区一旦形成，将沿纵向向水库上部和下部发展。向上部的发展主要受入库河流来流的影响。当春季入流减弱，热分层将向上延伸至河流段，使底部水体脱离复氧作用形成缺氧条件。一场洪水能打破热分层，水体发生混合使缺氧区消失，作用的程度取决于来流水量。当一场洪水退去，缺氧条件通常又会快速发展。缺氧区向水库上部发展也受到恒温层中将缺氧水体向上游移动的异重流存在的影响（Lawrence，1967）。

　　缺氧区在水库下部的发展比在上部慢，并且更少波动。恒温层出流的水库比表层出流的水库缺氧区发展更快。此外，由于取水口流动的增加，在春夏降雨较多的年份，恒温层出流的水库中缺氧区在水库下层的发展比平常或干旱年份要快。在保持恒定水位的水库中尤其如此。

　　取水通过影响恒温层的温度和体积，也可以加速缺氧区向水库下部移动。由于更多的恒温层水被取走并被上层更暖和的水体替代，恒温层水温在高流量的年份要高一些。较高的水温引起氧摄取速率增加而氧溶解能力降低，加速了缺氧区向水库下部发展。更高的取水速率也会减少恒温层的体积，将减少满足恒温层氧需求的可用溶解氧的总量，引起缺氧区更快向水库下部发展。在高流量的年份，变温层的密度和黏度差异减少，更多外来有机物进入恒温层，脱氧化加速。低流量年份的作用则相反，恒温层缺氧体积更小，缺氧区到达大坝时间推迟。

　　湖泊区恒温层缺氧发展是来自发生在多达 3 个区域的脱氧化：来自深泓线脱氧化的向上至变温层水体的发展，缺氧水体向水库下部移动的结果（见图 4-2），来自恒温层和变温层区域的底部和上部区域溶解氧不足水体的结合（见图 4-3）。后一种恒温层缺氧发展模式建立在水库中常见的变温层氧最小值的形成基础之上。在深泓线缺氧发展之前，水库库湾恒温层缺氧在表层至恒温层的大范围内发展。在这种情况下，在水库中深泓线缺氧形成之前，来自库湾的缺氧水体可能已经发展到深泓线。

　　尽管这种溶解氧发展的通用模式主要通过深水大库的研究来定义，但它适用于从大量外来输入、恒温层容积很小的浅水富营养化水库到有少量或大量外来输入、恒温层容积很大的贫营养化的狭长水库（Hannan，1979）。例如，一个浅水富营养化水库的恒温层水体溶解氧动力学（Young et al.，1972）就与一个深水大库的河流段类似（Haberle，1981）。两个系统均主要受来流控制，引起溶解氧条件的变化。如果一个缺氧区确实发展了，它应该首先在近坝区或者与泥沙沉降区一起形成，并在低流量期间向水库上游发展而在高流量期间消失。在这两个系统中，缺氧区在几天内消失和重新形成是很常见的。

　　恒温层溶解氧发展的通用模式表明，常用来表述湖泊营养化的经典的斜阶和正阶溶解氧曲线并不适用于水库，特别是对深水大库。如前文所述，恒温层首先在过渡区变得缺氧。这导致了溶解氧曲线在水库纵向上连续变化，从过渡区的浅水斜阶曲线到坝前的深水正阶曲线。随着恒温层缺氧条件在夏季进程中向下游发展，两者将有一个共同的斜阶曲线形式。因此，通常用贫营养化来表述的湖泊区，在夏季分层中期或结束的时候，会呈现出一种富营养化的溶解氧曲线形式。

恒温层耗氧模式从众多水库的野外实地研究和单个水库多年研究结果总结得来。这个模式的变化也可以被预期。常常是一年中影响溶解氧分布的一个或多个主要因子决定了这个模式的发展。这个通用模式有望帮助人们了解这些特殊情况。下节的目的是确定更常见的变化及其成因。

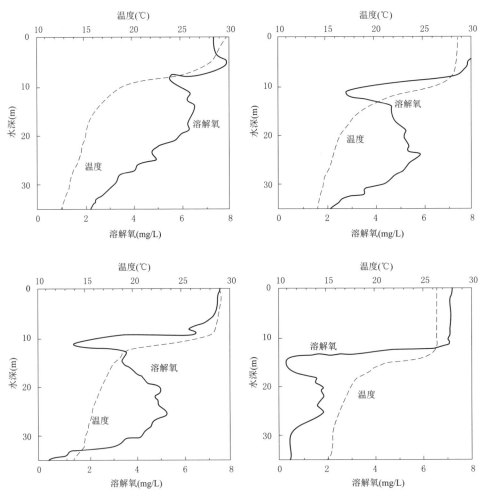

图 4-3　峡谷水库恒温层缺氧形成过程中湖泊区变温层和底部缺氧
水体融合过程（Hall，Bynum，and Caldwell，未发表数据）

4.3 纵向耗氧通用模式的变化

4.3.1 变温层氧最小值

变温层溶解氧极小广泛存在于水库之中（见表 4-2）。几个过程可用来解释湖泊和水库中的变温层氧最小值现象（见表 4-3）。由于变温层水体密度和黏度的急剧增加而被困在水体中的悬浮物的分解被用来解释变温层氧最小值现象的存在（Birge and Juday，1911）。细菌（Drury and Gearheart，1975；Gordon and Skelton，1977）和浮游动物（Shapiro，1960；Baker et al.，1977）是被困悬浮物呼吸作用的主要来源。在变温层氧最小值发展过程中，热分层的程度是决定悬浮物分解相对重要性的重要因素。在峡谷型水库中，氧最小值现象在低流量年份比高流量年份更常见。显然，低流量年份时变温层水体密度和黏度的增加引起更多的悬浮物滞留在变温层中。

水库形态也有助于变温层氧最小值的发展。如果变温层恰巧位于底坡最小的水体区域，那么更大面积的变温层水会与沉积物接触，引起这个层更多氧摄取量。这个"搁板效应"已经被用来解释湖泊中变温层氧最小值（Hutchinson，1957）。水库变温层溶解氧最小值的一个共同的形成机制是低溶解氧浓度或高生化需氧量水体的内部流动，特别是在洪水事件中，由于高浊度水体的高需氧量带来变温层氧最小值（Lyman，1944）。在峡谷水库观测到由于百年一遇洪水导致的氧耗尽现象（Wiedenfeld，1980）。洪水后变温层氧最小值快速形成并可持续到秋季来临。

表 4-2　　　　　　　　　　观测到变温层氧最小值的水库

水库及所在区域	研究学者（年份）
诺里斯水库，田纳西州	Weibe (1938，1939a，1940)
象山水库，新墨西哥州	Ellis (1940)
赫灵顿湖，肯塔基州	Weibe (1941)
海沃西水库，北卡罗来纳	Weibe (1941)
切罗基水库，田纳西州	Lyman (1944)
考德伍德水库，田纳西州	Dendy and Stroud (1949)
丰塔纳水库，北卡罗来纳	Dendy and Stroud (1949)； Wunderlich (1971)
斯拉皮水库，捷克和斯洛文尼亚	Hrbacek and Straskraba (1966)；Fiala (1966)
布恩水库，田纳西州	Churchill and Nicholas (1967)

水库及所在区域	研究学者（年份）
布尔肖尔斯水库	Mullan et al.（1970）
米德湖，内华达州	Hoffman and Jones（1973）
	Baker et al.（1977）
比格霍恩湖，蒙大拿州	Soltero et al.（1974）
森特希尔水库，田纳西州	Gnilka（1975），Gordon and Skelton（1975），Gordon and Morris（1979）
比弗湖，阿肯色州	Drury and Gearheart（1975）
德沃夏克水库，爱达荷州	Falter（1976）
南霍尔斯顿水库，田纳西州	Gordon and Skelton（1977）
蒂姆斯福德水库，田纳西州	Gordon and Skelton（1977）
峡谷水库，得克萨斯州	Wiedenfeld（1978），Hannan（1979），Hall（1980），Bira（1982）
弗莱明峡水库，怀俄明	Bolke（1979）
鲍威尔湖，犹他州与亚利桑那州交界处	Johnson and Page（1980）
沙斯塔湖，加利福尼亚州	Rettig（1980）
迪尔河水库，犹他州	Wegner（pers. comm.，1982）
德格雷水库，阿肯色州	Thornton（pers. comm.，1982）
洛斯特河水库，犹他州	Wegner（pers. comm.，1982）
斯科菲尔德水库，犹他州	Wegner（pers. comm.，1982）

表 4 - 3　　　　　　　　引起湖泊和水库变温层氧最小值的可能机制

机　制	观　测　情　况	
	湖　泊	水　库
悬浮物的腐烂	Shapiro（1960）	Drury and Gearheart（1975）
搁板效应	Hutchinson（1957）Shapiro（1960）	
内部流动		Lyman（1944），Wiedenfeld（1980）
取水口水流		Ebel and Koski（1968）
海湾效应		Johnson and Page（1980）
温度效应		
循环模式		Wunderlich（1971）

　　与内部流动相关的变温层氧最小值经常在透光区以下位置形成或持续发生，内部流动中可用的营养物质在这个区域无法被浮游植物利用。它们最常发生在

底部排水的深水大库的湖泊区，在夏中或夏末，由于恒温层取水，变温层被拉低到透光区以下。由内部流动引起的最小值的幅度取决于春季高流量和热分层发生的先后顺序（Nix，个人通讯）。如果热分层先于春季高流量发生，有机物会进入变温层，引起更大的需氧量。如果春季高流量先于热分层发生，大量的外来有机物质将进入恒温层。

内部流动也会导致变温层溶解氧极小现象，但实际上也是变温层溶解氧极大的成固。如果含有高溶解氧的水体在溶解氧重向分层的水库变温层的底部或稍低的位置进入，会使溶解氧分布表现为一种负的变形台阶曲线（见图4-4）。变温层氧最小值也可能由中层取水口的取水流动引起（Ebel and Koski，1968）。这种流动牵引上游的缺氧水体离开水库底部流向出水口，形成了变温层的氧最小值，而出口以下含氧量较高的水保持静止（见图4-5）。变温层氧最小值的发展也可能受库湾或海湾的影响（Johnson and Page，1980）。在库湾头部恒温层发展的低溶解氧水体向外延伸至水库开放水域的变温层，可以引起变温层氧最小值（见图4-6）。这种模式已经在不同年份中在鲍威尔湖的众多海湾反复发生。

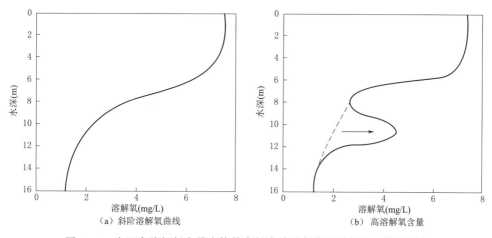

图4-4 由于高溶解氧含量水体的内部流动引起变温层氧最小值的形成

光合作用产氧以及水温对呼吸速率和氧溶解能力影响，光合作用的产氧与呼吸作用的耗氧之间的差异引起了变温层溶解氧极小现象。在变温层的上部，光合作用产氧掩盖了生物群落呼吸的影响。这种掩盖作用随着水深的增加而减弱，直到产氧很少或没有而耗氧却很多的补偿点。在变温层以下，由于水温较低，呼吸速率减小而氧的溶解能力增加。到达恒温层的有机物质更耐氧化，因为容易氧化的成分已经在表层水中氧化了。上述几方面作用的结果是在变温层区域形成一个负的变形台阶曲线从而带来氧最小值的发生（Ruttner，1963）。

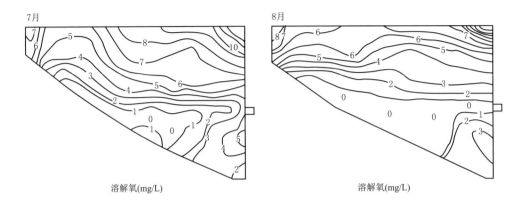

图 4-5　溶解氧等值线图显示了由于中孔泄流引起的变温层氧最小值

（改自 Ebel and Koski，1968）

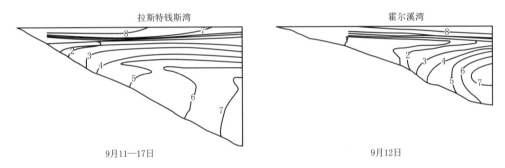

图 4-6　溶解氧等值线图显示沿鲍威尔湖主轴线的河口库湾形成了变温层氧最小值

（改自 Johnson and Page，1980）

Shapiro（1960）指出这是一种普遍的机理，很多水体中看起来缺少一个氧最小值实际是由于采样深度间隔过大造成。

　　二维计算机模型模拟结果揭示了引起水库变温层氧最小值的另外一种可能机制。一些研究证实在夏季分层期间，椭圆形环流在水库变温层很常见（Edinger and Buchak，1977；Gordon，1980）［见图 4-7（a）］。这种流动模式将表层含氧水转移到下层，将下层缺氧水转移到表层，这将导致含氧水环流中间成为不流动的死水。随着时间推移，这部分孤立的水体将出现氧最小值。丰塔纳水库（Wunderlich，1971）的数据表明这种环流可能影响观测到的变温层氧极小现象［见图 4-7（b）］。

　　变温层氧最小值在深水大库的湖泊段比其他段或浅的蓄水池更常见。在过渡型水库或深水大库的过渡区，变温层氧最小值的消失是水深的函数。在深水

森特希尔

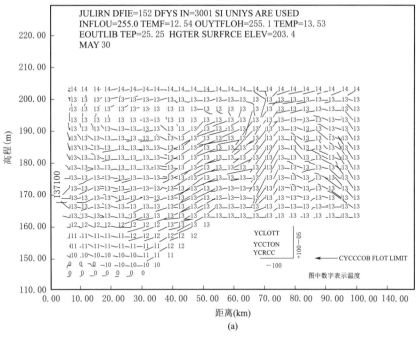

(a)

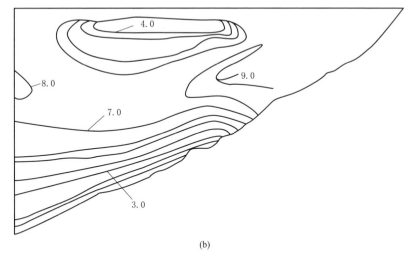

(b)

图 4-7 (a) 计算机模拟的森特希尔水库由于内部流动形成的环流（来自 (Gordon，1980)；
(b) 丰塔纳水库的溶解氧等值线图（改自 Wunderlich，1971)

大库的过渡区，作为缺氧条件结果的氧跃层剖面形状在同一深度上与湖泊区负的变形台阶曲线形状类似［见图 4-8 (b) 和图 4-8 (c)］。

在对湖泊变温层溶解层极小现象产生机制的研究中，Wetzel（1975）指出在大多数情况下的几种机制有助于一个变温层氧最小值的发展，并指出只用一个机制来解释最小值是错误的。对于水库也是如此，但当考虑水库中观测到的大量变温层氧最小值时，进入变温层的内部流动和变温层中透光层以下悬浮物的腐烂成为重要的控制因素。这也可以解释为何水库中最小值比最大值更常见，而湖泊中则相反（Wetzel，1975）。

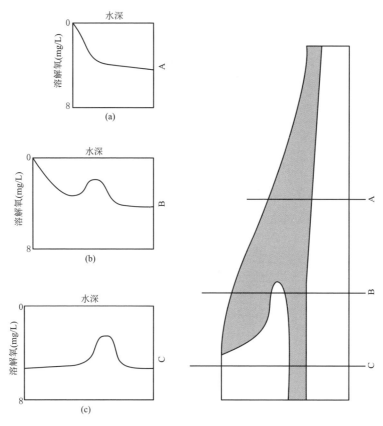

图 4-8 沿深水大库纵向溶解氧垂向分布对比。阴影部分溶解氧
浓度低于 4 mg/L。（a）斜阶溶解氧曲线；（b）恒温层缺氧的
变温层氧最小值；（c）变温层氧最小值的直阶溶解氧曲线

4.3.2 表层和变温层氧最大值

表层和变温层的氧最大值通常与水库岸边带扎根于水中的植物和淡水区域的藻类暴发相关。在一个平静天气的昼夜，上述两个区域中的溶解氧饱和度变化可从 0 到 200%。强风常常引起水华被分成条纹或带状，伴随或后续有相应的溶解氧增加。这些条件在水库的大库湾和开放水域同样突出。

变温层氧最大值比最小值更少见。湖泊中变温层氧最大值的原因与水库大致相同，最常见的一种是在恒温层中随深度典型斜阶降低的溶解氧在变温层中更冷水体中溶解能力提升。当透光层延伸到变温层，浮游植物群落的出现使变温层溶解氧浓度达到最大值（Hutchinson，1957）。水库中变温层氧最大值也可能是由于内部高含氧量水体的流动形成（Hrbacek and Straskraba，1966）。

变温层氧最大值最常可能发生在夏初，早于最常发生在夏季稍晚的变温层氧最小值。可能的解释是夏初春季富含营养物质的水体内部流动，热分层发生，透光层延伸到变温层，变温层氧含量提升得到最大值。随后，表层浮游植物生长遮挡使透光层深度减小，呼吸作用超过光合作用，在变温层氧最大值的下方将形成氧最小值。如果是底部出流的水库，变温层氧最大值在夏季进程中会出现在透光层以下，变温层氧最小值会在夏中或夏末发展。在夏末或秋初，变温层氧最大值不如最小值常见，氧最大值将随着降温季的开始被表层水驱散。

4.3.3 氧阻塞

氧阻塞，主要是指一个缺氧水域，已经在几个水库的过渡区中观测到这一现象（Ellis，1940；Fish and Wagner，1950；Ebel and Koski，1968）。氧阻塞从表面延伸到底部，其四面被高溶解氧水体包围［见图 4-9（a）］。尤发拉水库（Lawrence，1967）的染色研究表明水库中的氧阻塞可能是异重流遇上水库入流，向上移动，将底部溶解氧含量低的水体带到表面［见图 4-9（b）和图 4-9（c）］。

这些条件与大湖或海洋中的锋面类似。锋面是位于两个不同水生区域之间的具有高生物活动性的水域。氧阻塞很可能是水库中河流区和湖泊区之间过渡区的重要特征，在研究中如果没有进行全面采样，常常被忽略。

4.3.4 不流动空间

水流运动受限制的水层（不流动空间）影响着水库中溶解氧的分布模式（Churchill，1958；Goda，1959；Fiala，1966；Ebel and Koski，1968；Haberle，1981）。不流动空间对溶解氧浓度的影响与分层时恒温层从复氧机制中脱离使溶解氧浓度降低的影响类似。不流动空间形成的四种可能机理已经被观测到。中孔出流使出水口以下的水层孤立形成不流动空间［见图 4-10（a）］（Ebel and Koski，1968；Fiala，1966；Johnson and Page，1980）。溢流堰也足以限制水体流动形成不流动空间［见图 4-10（b）］，在有些情形下，甚至可以形成死水，即使在水库泄洪期间也不会变化（Fiala，1966）。如果出水口在上游，离大坝足够远，在出水口和大坝之间会形成不流动空间［见图 4-10（c）］（Fiala，1966）。水库中深泓线低压区水体水温比其他地方低几度，也将形成不流动空间［见图4-10（d）］

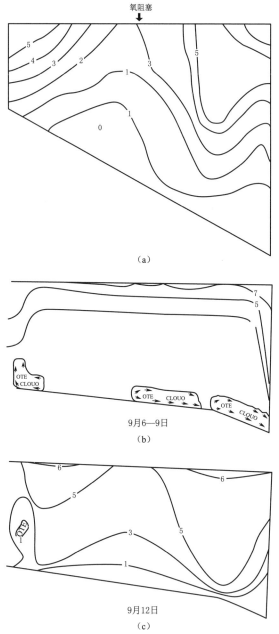

图 4 - 9　(a) 溶解氧等值线图显示布朗利水库过渡区氧阻塞的形成
(改自 Ebel and Koski 1968);(b) 尤发拉水库过渡区中密度流的移动
(改自:Lawrence,1967);(c) 溶解氧等值线图显示尤发拉水库
由于异重流形成的氧阻塞(改自:Lawrence,1967)

(Haberle，1981)。在这些低压区形成的缺氧条件常常持续到水库其他水体翻转后一个月。

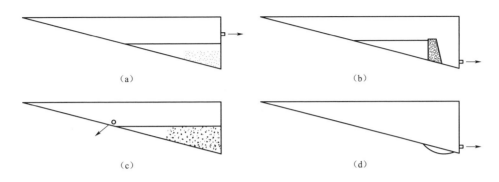

图 4 - 10　不流动空间（阴影区域）形成原因：（a）中孔泄流；（b）溢流堰；
（c）远离大坝的上游出水口；（d）深泓线的低压区

4.3.5　半融合

Hutchinson（1957）在他的关于湖泊半融合的讨论中指出"将低温水融合的定义扩散到下列情形并非不可能：沉积在底部的固体盐溶解进入水体，含盐河流或浓稠的工业废水从湖泊表面进入并作为密度流进入死水区。"Hutchinson 描述的第一种情形在弗莱明峡水库蓄水初期发生（Wegner，个人通讯）。淹没区土壤中的盐分进入水体形成高密度入流，使死水区开始形成，结合化学和温度分层以上的中孔取水，半融合引起恒温层的缺氧条件。经过 18 年的运行，表层流的变化赶走了下游的低密度混合区水体，减小了上下层之间的密度差异，引起接下来的春季水库翻转。

在基斯通水库观测到了 Hutchinson 描述的第二种情形（Eley，1967）。基斯通水库接纳来自锡马龙河和阿肯色河两条河的河水。锡马龙河河水含有的总溶解固体量约为阿肯色河的 4 倍。因此锡马龙河河水作为底流进入水库，同时由于表层泄流，产生了分层的条件，引起 7 月的极端氧斜阶曲线［见图 4 - 11（a）］。在 1 月形成了一个不常见的负的多阶曲线［见图 4 - 11（b）］。更冷的、充分曝气的锡马龙河河水作为底流进入，导致了死水区负的多阶曲线。接下来的年份里，恒温层泄流减小了化学分层，在 9 月发生了完全的翻转。后来持续的恒温层出流进一步减小了化学分层，使得 1967 年夏季恒温层的溶解氧浓度比之前更高［见图 4 - 11（c）］。有趣的是，一个水库从恒温层到表层取水的变化引起的翻转和另一个水库从表层到恒温层取水的变化引起的翻转，两者的结果相同。

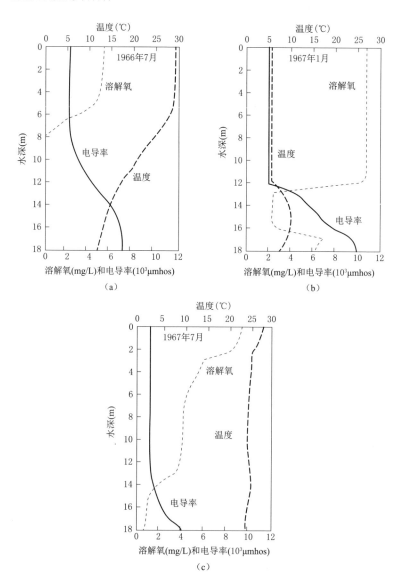

4-11　基斯通水库局部循环下的温度、电导率和溶解氧分布（改自 Eley，1967）：
（a）斜阶氧曲线；（b）由于高含氧量底流引起的负的多阶氧曲线；
（c）翻转之后的氧曲线

4.4　结论与启示

自然和水库调节下的水动力、水温、形态和群落代谢的交互作用形成了春季分层后恒温层缺氧区发展的一般模式，在深水大库中很常见。恒温层缺氧区最初在夏季分层期间在过渡区深泓线形成,随着时间推移向水库上游和下游发展,同时向深泓线外的上部和侧向发展。恒温层缺氧开始和持续的时间主要受与地理位置相关的年际变化的气象条件控制。

这种发展模式对采样设计、采样结果解释和整个生态系统的动力学具有重要影响。根据控制缺氧区位置和发展的重要因子变化,采样设计和结果解释必须考虑缺氧条件在不同年份之间的差异。

例如,在低入流出流的年份,缺氧区初始位置及后续发展将向上游移动。对一个涉及缺氧条件影响参数的研究来说,水库采样必须比高入流出流的年份更靠上游。营养物质循环在低入流出流的年份也更靠近上游端,相应地从入库河流中来的主要负荷会增加。必须确定缺氧条件的范围以便正确解释采样结果。

缺氧区的发展可能对整个生态系统动力学产生明显影响。在高入流出流的年份,缺氧区会比低流量年份更快到达大坝。对于一个底部出流的水库,夏季分层期间会有更多营养物质从水库释放到下游,同时下泄水体氧含量降低,可能改变下游生态系统的组成。

缺氧发展一般模式最常见的变化包括变温层氧最小值和最大值、氧阻塞、不流动空间和局部循环,所有这些都将会影响恒温层缺氧区发展。这些同样对采样设计、结果解释和整个生态系统动力学产生影响。比如,变温层氧最小值可能帮助水库中层的营养物质循环,促进位于最小值以上区域的透光区的浮游植物生长。变温层氧最小值也可能对鱼类的垂直迁移和细菌的垂直分布等产生影响。氧阻塞在水平方向上有相似的影响。为了检测到这些变化的发生以及它们对生态系统的影响,采样设计必须尽量增加检测到这些变异的概率。

尽管恒温层缺氧区发展的一般模式会由于河流型、过渡型和深水大库型水库的不同而变化,深水大库缺氧区的发展表现出了上述三种类型的连续变化。在河流型水库中,恒温层缺氧区可能发生,也可能不发生。如果发生,也是快速形成并很快被大的入流或强风消除。同样的情形也存在于深水大库的河流段。在过渡型水库中,受风和来流影响,恒温层氧最小值最初发生在靠近大坝的库区。在深水大库,恒温层缺氧区最初发生在过渡区,受风和来流的影响向水库上游发展。在某些情形下,一个深水大库由于充分泄水可能变得跟过渡型和河流型水库类似。在这种情况下,溶解氧分布也将相应改变。

参考文献

Baker, J. R. , J. E. Deacon, T. A. Burke, S. S Egdorf, L. J. Paulson, and R. W. Tew. 1977. Limnological aspects of Lake Mead, Nevada-Arizona. U. S. Bur. Recl. Tech. Rep. No. REC-ERC-77-9.

Beadle, L. D. 1974. The inland waters of tropical Africa. Longman, Inc. , New York. , NY. 365 pp.

Bira, M. R. 1984. The effects ofcoves and metalimnetic oxygen minima on the development of hypolimnetic oxygen conditions in Canyon Lake (Reservoir), Texas. M. S. Thesis, Southwest Texas State University, San Marcos, TX. 50 pp.

Birge, E. A. and C. Juday. 1911. The inland lakes of Wisconsin. The dissolved gases and their biological significance. Bull. Wis. Geol. Nat. Hist. Surv. 22. 259 pp.

Bolke, E. L. 1979. Dissolved-oxygen depletion and other effects of storing water in Flaming Gorge Reservoir, Wyoming and Utah. Geological Survey Water Supply Paper 2058. 68 pp.

Bowmaker, A. P. 1976. The physico-chemical limnology of the Mwenda River Mountains, Lake Kariba. Arch. Hydrolbiol. 77: 66 – 108.

Cangialosi, P. M. 1976. A phosphorus budget and lake models for Lake Ozonia. M. S. Thesis, Civ. Envir. Eng. Dept. , Clarkson College of Technology, Potsdam, NY. 68 pp.

Charlton, M. N. 1980. Oxygen depletion in Lake Erie: Has there been any change? Can. J. Fi. sh. Aquat. Sci. 37: 72 – 81.

Churchill, M. A. 1958. Effects of impoundments on oxygen resources. Pages 107 – 130 in Proceedings of the seminar on the oxygen relationships of streams. R. A. Taft San. Eng. Ctr. , Cincinnati, OH.

Churchill, M. A. and W. R. Nicholas. 1967. Effects of impoundments on water quaity. J. Sanit. Eng. Div. Proc. Am. Soc. Civ. Eng. 93: 73 – 90.

Dendy, J. A. 1945. Depth distribution of fish in relation to environmental factors, Norris Reservoir. J. Tenn. Acad. Sci. 20: 114 – 131.

Dendy, J. A. and R. H. Stroud. 1949. The dominating influence of Fontana Reservoir on temperature and dissolved oxygen in the Little Tennessee River and its impoundments. J. Tenn. Acad. Sci. 24 (1): 41 – 51.

Drury, D. D. and R. A. Gearheart. 1975. Bacterial population dynamics and dissolved-oxygen minimum. J. Am. Wat. Works Assoc. 67: 154 – 158.

Ebel, W. J. and C. H. Koski. 1968. Physical and chemicallimnology of Brownlee Reservoir, 1962 – 1964. Fish. Bull. 67: 295 – 335. Bureau of Commercial Fisheries, Biological Laboratory, Seattle, WA.

Edinger, J. E. and E. M. Buchak. 1977. A hydrodynamic, two-dimensional reservoir model: Development andtest application to Sutton Reservoir, Elk River, West Virginia. Contract No. DACW 27 – 76 – C – 0089. U. S. Army En-gineer Division, Ohio River, Cinncinati, OH.

Eley, R. L. 1967. Physicochemical limnology and community metabolism of Keystone Reservoir, OK. Ph. D. Thesis, Oklahoma State University, Still-water, OK. 240 pp.

Ellis, M. M. 1940. Water conditions affecting aquatic life in Elephant Butte Reservoir. Bull. U. S. Bur. Fish. 49: 257.

Falter, C. M. 1976. Early limnology of Dworshak Reservoir, North Idaho. Pages 285 – 294 in R. D. Andrews, R. L. Carr, F. Gibson, B. E. Land, R. A. Solter, and K. C. Swedburg, eds. Proceedings of the symposium on terrestrial and aquatic ecology studies of the Northwest. EWSC Press, Eastem Washington College, Cheney, WA.

Fiala, L. 1966. Akinetic spaces in water supply reservoir. Verh. Internat. Verein. Limnol. 16: 685 – 692.

Fish. F. F. and R. A. Wagner. 1950. Oxygen block in the mainstream of the Willamette River. U. S. Fish Wildl. Serv. Spec. Sci. Rep. No. 41. 19 pp.

Frink, C. R. 1969. Chemical and mineralogical characteristics of eutrophic lake sediments. Soil Sci. Soci. Am. 33 (3): 369 – 372.

Gnilka, A. 1975. Some chemical and physical aspects of Center Hill Reservoir, Tennessee. J. Tenn. Acad. Sci. 50 (1): 7 – 10.

Goda, T. 1959. Density currents in an impounding reservoir. lnt. Assoc. Hydr. Res. , 8th Congr. Montreal, 3 – C: 1 – 29.

Gordan, J. A. 1980. An evaluation of the LARM two-dimensional model for water quality management purposes. Pages . 518 – 527 in H. G. Stefan, ed. Proceedings of the symposium on surface water impoundments. Amer. Soc. Civ. Eng. , New York, NY.

Gordan, J. A. and W. R. Nicholas. 1977. Effects of impoundments on water quality: Observations of several mechanisms of dissolved oxygen depletion. Div. Env. Planning, TVA, Chattanooga, 1N. 55 pp.

Gordan, J. A. and B. A. Skelton. 1977. Reservoir metalimnion oxygen demands. J. Sanit. Eng. Div. Proc. Am. Soc. Civ. Eng. 103 (EE6): 1001.

Gordan, J. A. and J. W. Morris. 1979. Dissolved oxygen depletion mechanism operating in the metalimnion of a deep impoundment. Pages 29 – 38 in E. E. Driver and W. O. Wunderlich, eds. Environmental effects of hydraulic engineering works. T. V. A. , Knoxville, 1N. Graneli, W. 1978. Sediment oxygen uptake in south Swedish lakes. Oikos 30: 7 – 16.

Haberle, T. G. 1981. The spatialand temporal pattern of the depletion of hypolimnetic dissolved oxygen in Canyon Reservoir, Texas. M. S. Thesis, Southwest Texas State University, San Marcos, TX. 49 pp.

Hall, R. D. 1983. Patterns of dissolvled organic carbon and particulate organic carbonin the Guadalupe River and Canyon Lake (Reservoir) . M. S. Thesis, Southwest Texas State University, San Marcos, TX. 57 pp.

Hannan, H. H. 1979. Chemical modifications in reservoir-regulated streams. Pages 75 – 94 in J. V. Ward and J. A. Stanford, eds. The ecology of regulated streams. Plenum Publishing Co. , New York, NY.

Hoffman, D. A. and A. R. Jones. 1973. Lake Mead, a case study. Pages 220 – 223 in W. C. Ackerman, G. F. White, and E. B. Wo 民 hington, eds. Man-made lakes: their problems and environmental effects. Am. Geophys. Union, Washington, DC.

Hrbacek, J. , L. Prochazkova, V. Straskraboua-Prokesova, and C. O. Junge. 1966. The relationship between the chemical characteristics of the Vlstava River and Slapy Reservoir with an appendix: Chemical budget for Slapy Reservoir Hydrobiol. Stud. 1: 41 – 84.

Hrbacek, J. L. and M. Straskraba. 1966. Horizontal and vertical distribution of temperature, oxygen, pH, and water movements in Slapy Reservoir. Hydrobiol. Stud. 1: 7 – 40.

Hutchinson, G. E. 1957. A treatise on limnology. Vol. 1: Geography, physics and chemistry. John Wiley and Sons, Inc. , New York, NY. 1015 pp.

Hyne, N. J. 1978. The distribution and source of organic matter in reservoir sediments. Environ. Geol. 2: 279 – 287.

Iwanski, M. L. , D. J. Bruggink, and J. W. Shipp. 1979. Field research on the effects of impoundments on water quality. Pages 395 – 406 in E. E. Driver and W. O. Wunderlich, eds. Environmental effects of hydraulic engineering works. T. V. A. , Knoxville, TN.

Johnson, N. M. and F. W. Page. 1980. Oxygen depleted waters: Origin and distribution in Lake Powell, Utah – Arizona. Pages 1630 – 1637 in H. G. Stefan, ed. Proceedings of the symposium on surface water impoundments. Amer. Soc. Civ. Eng. , New York, NY.

Krenkel, P. A. , E. L. Thackston, and F. L. Porkov. 1968. The influence of impoundments on waste assimilative capacity. Pages 1 – 39 in R. A. Elder, P. D. Krenkel, and E. L. Thackston, eds. Proceedings of the specialty conference on current research into the effects of reservoirs on water quality. Tech. Rep. No. 17, Dept. Environ. Water Res. Eng.

Kusnetzov, S. 1. and G. S. Karsinken. 1931. Direct method for the quantitative study of bacteria in water and some considerations on causes which produced a zone of oxygen minimum in Lake Glubokoje. Zbl. Bakt. , Sev. II 83: 169 – 174.

Larson, D. W. 1980. Limnology of selected reservoirs in the Oregon Cascade Range: Effects on water quality in the Willamette River. Pages 1526 – 1541 in H. G. Stefan, ed. Proceedings of the symposium on surface water impoundments. Amer. Soc. Civ. Eng. , New York, NY.

Lasenby, D. C. 1975. Development of oxygen deficits in 14 Southern Ontario lakes. Limnol. Oceanogr. 20 (6): 993 – 999.

Latif, A. F. A. 1973. Effect of impoundment on Nile biota in Lake Naser. Pages 435 – 445 in W. W. Driver and W. D. Wunderlichi, eds. Environmental effects of hydraulic engineering works. T. V. A. , Knoxville, TN.

Lawrence, J. M. 1967. Dynamics of physicochernistry in a large reservoir. Pages 100 – 113 in Reservoir Fishery Resources Symposium. Am. Fish. Soc. , Washington, DC.

Leentvaar, P. 1973. Lake Brokonpondo. Pages 186 – 196 in W. C. Ackerman, G. F. White, and E. B. Worthington, eds. Man – made lakes: Their problems and environmental effects. Geophys. Mono. 17. Amer. Geophys. Union, Washington, DC.

Lepak, C. J. 1976. Lirniting nutrient and trophic level deterrnination of Lake Ozonia by algal assay procedure. M. S. Thesis, Clarkson College of Technology, Potsdam, NY. 71 pp.

Louder, D. E. and W. D. Baker. 1966. Some interesting limnological aspects of Fontana Reservoir. Pages 1 – 16 in Proc. 20th Ann. Conf. SW Assoc. Game Fish Comm. Oct. 24 – 26, 1966. Asheville, NC.

Lund, J. W. G. , F. J. H. Mackereth, and C. H. Mortimore. 1963. Changes in depth and time of certain chemical and physical conditions and of the standing crop of Asterionella formosa Has. in thenorth basin of Windemere in 1947. Phil. Trans. Roy. Soc. Lond. Serv. B246: 255 – 290.

Lyman, F. E. 1944. Effects of a flood upon temperature and dissolved oxygen relationships in Cherokee Reservoir, Tennessee. EcoLogy 25: 78 – 84.

Mullan, J. W. , D. I. Morais, and R. L. Applegate. 1970. Thermal, oxygen and conductance characteristics of a new and an old reservoir. Tech. Paper No. 52, Bur. Sport Fish. WiLdl.

68 pp.

Nix, J. 1974. Distribution of trace metals in a warm water release impoundment. Arkansas Water Resources Research Center, Fayetteville, AR. 337 pp.

Raheja, P. C. 1973. Lake Nasser. Pages 234 – 245 in W. C. Ackerman, F. F. White, and E. B. Worthington, eds. . Man – made lakes: Their problems and environmental effects. Geophy. Mono. 17. Amer. Geophys. Union, Washing- ton, DC.

Rawson, J. 1979. Water quality of Livingston Reservoir on the Trinity River, Southeastem Texas. TX Dept. Water Resour. , Rep. 230. 79 pp.

Rettig, S. A. 1980. Limnological reconnaissance of Shasta Lake – Shasta County: Califomia, March 1977 – Sept. 1978. Pages 1474 – 1483 in H. G. Stefan, ed. Proceedings of the symposium on surface water impoundments. Amer. Soc. Civ. Eng. , New York, NY.

Ruttner, F. 1963. Fundamentals of limnology, 3rd Ed. University of Toronto Press, Toronto, Canada. 295 pp.

Shapiro, J. 1960. The cause of a metalimnetic minimum of dissolved oxygen. Limnol. Oceanogr. 5: 216 – 227.

Soltero, R. A, J. C. Wright, and A. A. Horpestad. 1974a. The physicallimnology of Bighom Lake – Yellowtail Dam Mountain: Intemal density currents. Northwest Sci. 48 (2): 107 – 123.

Soltero, R. A. , A. F. Gasperino, and W. G. Graham. 1974b. Chemical and physical characteristics of a eutrophic reservoir and its tributaries: Long Lake, Washington. Wat. Res. 8: 419 – 431.

Soltero, R. A. , A. F. Gaspenino, and W. G. Graham. 1975. Chemical and physical characteristics of a eutrophic reservoir and its tributaries: Long Lake, Washington – Ⅱ. Water Res. 9: 1059 – 1064.

Stroud, R. H. and R. G. Martin. 1973. Influence of reservoir discharge location on the water quality, biology, and sport fisheries of reservoirs and tail waters. Pages 540 – 548 in W. C. Ackerman, G. F. White, and E. B. Worthington, eds. Man – made lakes: Their problems and environmental effects. Geophys. Mono. 17. Am. Geophys. Union, Washington, DC.

Tenant, D. L. , R. E. Thomas, and T. Gray. 1967. Physico – chemical limnology of reservoirs in Southeast Nebraska. Pages 537 – 540 in Reservoir fisheries resources symposium. Amer. Fish. Soc. , Washington, DC.

Vanderhoof, R. A. 1965. Changes in waste assimilation capacity resulting from streamflow regulation. Pages 129 – 145 in Symposium on streamflow regulation for quality control. R. A. Taft Sanitary Eng. Ctr. , Cincinnati, OH.

Weibe, A. H. 1941. Density currents in impounded waters – their significance from the standpoint of fisheries management. Trans. 6th N. Am. Wildl. Conf. 6: 256 – 264.

Weibe, A. H. 1940. The effect of density currents upon vertical distribution of temperature and dissolved oxygen in Norris Reservoir. J. Tenn. Acad. Sci. 15: 301 – 303.

Weibe, A. H. 1939a. Dissolved oxygen profiles at Norris Dam and in Big Creek sector of Norris Reservoir (1937), with a note on the oxygen demand of water (1938) . Ohio J. Sci. 39: 27 – 36.

Weibe，A. H. 1939b. Density currents in Norris Reservoir. Ecology 20：446 – 450.

Weibe，A. H. 1938. Limnological observations of Norris Reservoir with special reference to dissolved oxygen and temperature. Trans. 4th N. Am. Wildl. Conf. 4：440 – 457.

Wetzel，R. G. 1975. Limnology. W. B. Saunders Co. ，Philadelphia，PA. 767 pp.

Wiedenfeld，R. C. 1980. The limnology of Canyon Reservoir during years of contrasting flows. M. S. Thesis，Southwest Texas State University，San Marcos，TX. 58 pp.

Wunderlich，W. O. 1971. The dynamics of density – stratified reservoirs. Pages 219 – 231 in G. E. Hall，ed. Reservoir fisheries and limnology. Spec. Publ. 8，Amer. Fish. Soc. ，Washington，DC.

Young，W. C. ，H. H. Hannan，and J. W. Tatum. 1972. The physiochemical limnology of a stretch of the Guadalupe River，Texas，with five main – stream impoundments. Hydrobiologia 40（3）：297 – 319.

第5章　水库营养动力学

ROBERT H. KENNEDY AND WILLIAM W. WALKER

　　仅就水库的营养动力学进行讨论，可能会传达水库中发生的营养相关过程与其他水体存在本质差别的含义，这并非本章意图。然而，正如本书前面章节讨论所述，水库和其他大多数湖泊之间存在一些实质性差异（Kennedy et al.，1985；Ryder，1978；Thornton et al.，1981）。

　　我们目前对营养动力学的理解主要基于对小型天然湖泊的研究。由于水库与小型天然湖泊之间存在明显的流态和形态差异，因此在评估水库中各种过程对营养分布和有效性影响的相对重要性时需采取审慎态度。这些过程包括内外部营养负荷、沉积、流量、混合和排放。本章的目的是探讨水库生态系统中这些过程与水库营养状况之间的关系。

5.1　负荷

　　水库的水质和生产力在很大程度上受控于外部营养负荷的质量和数量。输入水库的外部负荷又反映了气候状况和各种流域特征，包括形态、土壤类型和土地利用等。Omernik（1977）报告中指出，在美国几个不受点源影响的流域，总磷浓度的强烈区域差异反映出气候和流域特征等地理特征的差异。水流、侵蚀速率、母质特性和河流泥沙输运特征也具有区域特征，对营养负荷和水库响应具有潜在的重要影响。

　　Canfield 和 Bachmann（1981）在用经验模型进行磷沉降速率预测

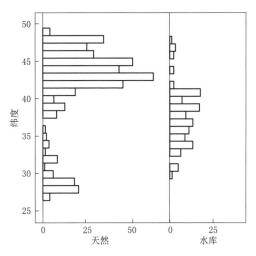

图 5-1　美国环境保护署国家富营养化调查中采样的天然湖泊和水库的纬度分布
［基于 Walker（1981）的研究］

时发现湖泊和水库的模型参数在统计学上存在显著差异。他们认为这些差异可能源于"与地理位置相关的磷输入的质量差异"，具体是指：分析中涉及的大部分水库均位于磷负荷含量以颗粒状形式存在的地区。

将美国环境保护署（EPA）国家富营养化调查（U. S. Environmental Proterction Agency，1978）采样的 309 个美国天然湖泊的纬度与美国环境保护署采样的 106 个美国陆军工程兵团水库的纬度进行比较，结果如图 5 - 1 所示。天然湖泊的分布是双峰型的，在北部（冰川湖泊）和南部（佛罗里达湖泊）达到峰值。大部分美国陆军工程兵团水库位于中纬度（北纬 23°～40°），天然湖泊相对较少。这些纬度分布符合 Canfield 和 Bachmann 的观点，因为大部分的美国陆军工程兵团水库都位于未被冰川覆盖的地区，这些地区土壤侵蚀度和流域营养输出较高。

5.2　内部过程

5.2.1　水流

水库物理、化学和生物因子的纵向梯度是受水动力和盆地形态影响的综合结果。尽管水库的物理特征差别很大，但水库往往又长又窄，与排水湖不同，它们从远离排水口的大型支流接受水和营养输入。虽然沿着水库轴线河流效应随着盆地宽度和深度的变化而消散，但在一些水库中，河流影响往往会持续很长的距离。化学和生物过程发生在受流态影响较大的物理环境中，因而改变入流水质的各种过程由沿着水流控制的动态时间/距离连续体决定的。这与大多数天然湖泊中由热分层造成的垂直梯度占主导地位的情形成鲜明对比。因此，平流力的相对重要性是水库与大多数其他湖泊之间的主要区别之一。

通过理想化实例，可较容易探索水动力和形态特征之间的相互作用和湖泊中影响营养相关属性的潜在重要性。例如，考虑非保守物质（如磷）在两个水文条件相似但形状不一致的非分层水库中的输移过程，一个水库宽而深，另一个窄而浅（见图 5 - 2）。为便于讨论，这里假定非保守物质的性质符合一阶衰变。由于流量相似，水滞留时间的差异取决于流域形态的差异，广阔而深的流域具有较长的滞留时间。因此，保留在这个流域中的物质数量根据滞留时间将大于在这个狭窄的浅流域中所保留的物质数量。同理，物质浓度沿湖泊长度的变化存在差异。在这个例子中，由河口至下游的距离是时间的替代指标。因此，某种程度上物质浓度沿着宽而深的湖泊将比沿窄而浅的湖泊下降更快。

这种建立营养浓度梯度的观点总的来说与观测一致（Peters，1979；Gloss et al.，1980；Thornton et al.，1981；Kennedy et al.，1982），这表明简单的衰变模型可以提供一种描述沿梯度的浓度变化的手段（Higgins and Kim，1981）。Kennedy 等人

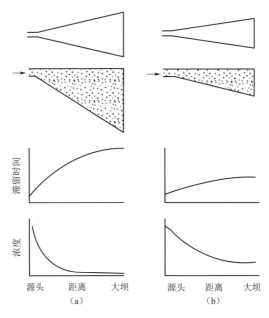

图 5 - 2 两个入库物质相似但形态特征不同的水库的入库物质（阴影）
和滞留时间及物质浓度从上游到大坝变化：（a）宽而深；（b）窄而浅

（1982）能够在西点湖水库（佐治亚州亚特兰大）沿着预测的浊度梯度识别历史水文事件的遗迹。这些结果表明，水库纵向梯度反映了入流历史和水库运行的结果。

在上面的例子中，如果允许入流浓度随时间变化，那么入流历史的潜在影响则显而易见。考虑两个形态和入流相似，但负荷历史不同的非分层水库（见图 5 - 3）。假设水体具有恒定衰减速率，并呈非扩散流态，具有持续稳定物质浓度输入的水库，其浓度会沿水库呈现下降趋势。然而，沿水库浓度变化，可反映负荷入流历史。初始浓度较低的入流粒子会跟随并逐渐赶超初始浓度较高的入流粒子。虽然水体中粒子浓度会随时间的推移而下降（距离亦然），但沿着水库长度的浓度下降呈现不均匀性。

在流量和浓度更接近真实情况时，模式变得更加复杂。在图 5 - 4 中，如果从入流历史背景来看，在三个时间点观察到的浓度模式更容易解释。在基流期间，当入流浓度和流速较低时，上游源头水以下的物质浓度急剧降低，并在下游水库达到相对较低的水平。在发生增加流量和入流浓度的水文事件后，随着初始浓度较高的入流粒子通过水库，营养物质浓度沿水库长度增加。虽然出水口附近物质浓度相对较低，但明显高于基流期间。如果出现入流从支流转变到基流的条件，那么早期水文事件的影响区域将被认为是水库下部营养物质浓度升高的区域。暴风雨引发梅因河营养物质浓度和悬浮泥沙负荷增加，进而 Kennedy 等人（1982，1981）在红岩湖水库（艾奥瓦州）观测到同样的模式。虽然在观测中发现水体中磷浓度遵循从上游到坝体逐渐降低的一般规律，但水库中部磷浓度的提高与流量峰值的出现时间吻合。

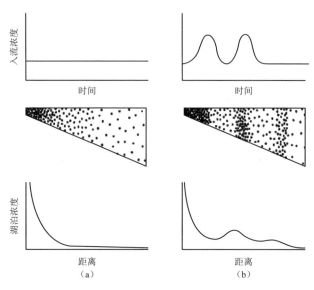

图 5 - 3　（a）入流物质浓度稳定水库的物质浓度分布；（b）条件相似但入流物质浓度不稳定水库的物质浓度分布

　　前述讨论中，假定扩散作用较小，但这一作用对营养物质浓度分布和纵向浓度梯度的形成也有一定影响。随着入流距离或盆地宽度或深度的增加，对流影响逐渐减弱，风力混合作用在营养物质分布中起到越来越重要的作用。一般来说，营养盐浓度的纵向梯度在以对流或活塞流为主的湖泊中最为明显，而以扩散为主的湖泊中的梯度最小。Walker（1982a）提出了一种可以将具有较大纵向梯度势的水库与混合更为充分的水库区分开来的方法。用以区分的因素包括水滞留时间、磷沉降以及在纵向运输过程中对流和扩散的相对重要性（见图 5 - 5）。在滞留时间长，沉降速率高（即高浓度磷滞留）和对流流态占主导水库中纵向梯度最大。在滞留时间短、沉降速率低和以扩散流态为主水库中纵向梯度最小。

　　在分层水库中，异重流（见第 2 章）也会影响营养物质分布。在热分层期间，垂直密度差异和入流河水与水库水体之间的密度差异决定了入流河水的垂向位置，从而决定了它们所输运的营养成分的分布。虽然河水入流方式与纬度的变化有所不同，但在秋季、冬季和春季，从表层水体到中间及下层水体的变化进程具有明显季节化规律（Wunderlich，1971；Carmack et al.，1979）。虽然这一规律尚未得到详尽阐述，但这些密度相关的现象对分层湖泊和水库的营养

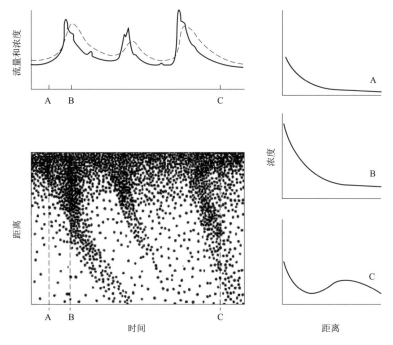

图 5-4　上游入流浓度和流量变化（左上）对入流水库（左下）
中物质浓度时空分布（阴影）的综合影响。同时描绘了在三个
点实时观测到的物质浓度的纵向梯度（A，B 和 C）（右）

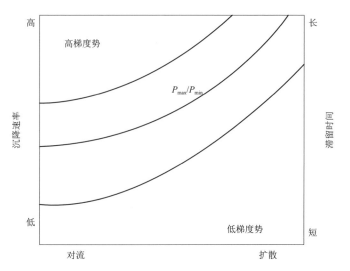

图 5-5　磷梯度势对沉降速率、停留时间和流态的依赖性。曲线值为 P_{max}/P_{min}
（观测到的最大磷浓度与最小磷浓度之比，根据 Walker，1982a 绘制）

动态有重大影响。

　　如果河流流入湖泊，河流水体沉入相当密度的深度，然后以中间流的形式穿越湖泊水体的温跃层或温跃层以下水体，那么则可更为合理地解释河流营养物质的生物影响将大大减少这一假设。在水流交汇期间，部分表层水体与平流输送的营养物质隔离，并且由于沉降损失，分层之前获取的营养物质浓度将逐渐下降。日益有限的养分供应对夏季浮游植物生产力具有显著影响。最终，表层水体与温跃层的分离程度取决于密度差异程度、流量大小和流域形态。

　　现场观察表明，尽管在交汇期间进入表层水体的营养负荷可能会大大减少，但确实出现了河流水体和湖泊表层水体的混合作用。Kennedy 等人（1982）记录了使用荧光染料作为水质示踪剂的查特胡奇河河水在西点湖上游的移动。在水库非分层时期，河水垂直混合并以活塞流的形式在水库中移动。当水库分层时，河水在汇流点呈现充分混合的活塞流，之后被限制在温跃层附近的一个区域。虽然在温跃层附近观察到最大的染料浓度，但是在表层水中也发现了大量的染料，表明河水混入了表层水体。Kennedy 等人（1982）也观察到河流交汇带来的营养丰富的下层滞水带。Hrbacek 等人（1966）在水库也观测到了类似的现象。因此，河流水与水库表层水体以及下层滞水带的上游浅水部分与河流水之间在湍流界面的混合，提供了一种营养成分在垂直方向上重新分布的机制（见图 5-6）。

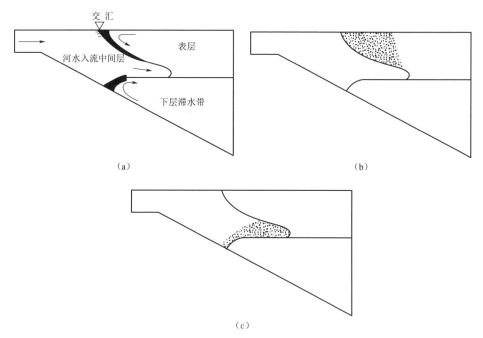

图 5-6　（a）表层、下层滞水带和河水入流中间层之间的湍流界面（之字形线）；（b）河水
入流中间层与表层的物质交换；（c）下层滞水带与河水入流中间层的物质交换（阴影）

Carmack 和 Gray（1982）提出了另外一种水库分层期间河流交汇层输送的营养物质进入水库表层水体的途径。库特内湖是哥伦比亚河系一个又长又深的天然湖泊，在夏季，库特内和邓肯河中营养物质丰富的水体从湖的两端进入，但河水被限制在紧靠温跃层上方的河水交汇层。河流层与透光层之间的交换仅在水体混合后发生。在风力混合作用下，水体内部运动使得河流层的水向上移动，河流层的水分和营养物质被带入透光层。因此，由于缺乏河流营养物质补充，热分层形成时透光层累积的营养物质在夏季逐渐减少，直到发生有利于河流水混合的条件。这些偶发事件会加剧表层水中营养物质供应减少的情况（见图 5-7）。

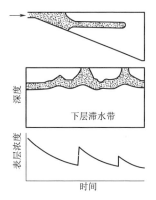

图 5-7 富营养河水与表层水的交汇对表层水营养物质浓度的影响（基于 Carmack and Gray，1982）

5.2.2 沉积

沉积物沉积和随后的沉积物与水的相互作用是影响湖泊和水库营养状况的主要调节过程。由沉淀颗粒或溶解物质与沉降的生物和非生物颗粒相结合导致的营养沉降，将会进一步导致水体中营养物质的损失。沉积物一旦沉积下来，可能会缓冲或以其他方式改变上覆水中的营养物浓度。这两种调节过程都是通过流态、水库形态、支流荷载、营养状态和存在的梯度来影响的。

颗粒荷载对水库的相对贡献差异体现在水库沉积速率高于天然湖泊。Canfield 和 Bachmann（1981）在对 700 多个湖泊和水库进行比较时发现，磷沉降的差异可能与易沉淀的外来颗粒物有关。Higgins 和 Kim（1981）在田纳西河流域管理局水库应用经验荷载-响应模型时发现了类似的差异，这些湖泊中磷的表观沉降速度是其他类型湖泊的 9 倍。他们还确定了水库类型之间的差异，支流水库深度较大，停留时间较长，流入的磷的百分比高于较浅和冲刷较快的水库。

沉积作用与在流动主导的湖泊和水库中的其他营养物质相关的过程一样，表现出纵向梯度变化，最快沉降速率通常发生在最靠近河水入流的地方。在沉积物充足的得梅因河上，红岩湖的大部分物质被保留在河流入流附近的河水中（Kennedy et al.，1981）。伴随着悬浮固体沉降，流入河流内的磷浓度显著下降（> 75%），导致下游地区磷浓度相对较低，甚至是在暴雨期间也是如此。在卡多河流入德格雷湖附近，磷、氮和碳的沉积损失最为严重，这是阿肯色州中南部一个长期保留的储存量的改善。由 James 等人（1987）报道的沉积物收集器数据指出，在河口附近外来的和自身的营养物质、金属以及有机物质损失最大。垂直排列的收集器的沉积速率之间差异也表明，在河水汇流时期，河流层以下的沉积速率较高。沉积损失是在这个湖里观察到的营养梯度的主要原因（Thornton et al.，1981）。

沉降作用也被发现存在季节性趋势。春季，在门弗雷梅戈格湖中由沉积物收集器收集的营养物质主要是无机的，这表明异地输入是主要来源（Spiller，1977）。在夏季和秋季，营养物质的损失与原生有机物质的沉积损失有关。从德格雷湖（James et al.，1987）的沉积物采集数据中得出了类似的季节性趋势。沉积模式也可能受到流态季节变化的影响。在莫哈韦湖上游米德湖的泄流在夏季以底流的形式通过莫哈韦湖，水流拦截了原生沉积物并将其运往下游。随后的分解结果表明，在胡佛大坝下泄的高氮浓度水和米德湖下层滞水带的泄流中，有显著的水化梯度。胡佛大坝的高氮浓度来自米德湖的低渗性水的释放，也是因为莫哈韦湖的氮梯度。

沉积物质量模式对于了解底部沉积物和上覆水之间的交换是重要的，这些模式是由流体动力学、形态计量、负荷和营养状态特征之间的相互作用引起的（Gunkel et al.，1984）。在这里，纵向梯度是明显的。Hyne（1978）对比了两个中西部水库的有机质分布：它们分别是接受低沉积物输入的吉布森堡湖和接受高沉积物输入的生产性水库——特克索马湖。在吉布森堡湖，有机材料沉积在下游深处。特克索马湖的沉积物发生在浅水的上游地区以及湖泊深处，反映了红河和沃希托河流域外来有机物质和本土原生物质的综合影响。

澳大利亚墨里河蓄水区——穆瓦拉湖的沉积物特征与流动特征有关（Hart et al.，1976）。湖泊下游河流沉积物的有机质和总磷含量较低。在受河流影响较小的地区，沉积物中有机质和磷含量较高，表明流动和营养粒子在沉积物分选中具有潜在的重要性。这个结果得到了 4 个不同营养状态和流态的美国陆军工程兵团管理的水库沉积特征比较评估的支持（Gunkel et al.，1984）。一般来说，这些湖泊河岸沉积物中无机碳含量高，营养物质、金属和有机碳含量低。在所检查的 4 个水库中，从浮游植物最大生产面积和河流入流面积来看，西点湖是沉积物养分浓度最高的湖泊。随着营养物质和有机物含量的增加，沉积物含水量增加。

Hakanson（1977）比较了从维纳恩湖不同地点采集的沉积物样品的数据，得出沉积环境的性质可以从沉积物含水量推断出来。以流量为主或高能量地区（如靠近水流流入或水流交汇地区）的沉积物含水量低，有机质浓度低，表明这些地区是沉积物侵蚀和运输的区域。较深的地区或受湍流影响较小的地区的沉积物含水量高，有机质浓度高，表明这些地区是沉积物积累的地区。采用类似的标准，Gunkel 等人（1984）能够区分对流域的沉积物和沉积物中的营养物质沉积区域。

图 5-8 展示了营养负荷、沉降、流量、生产力和沉积物质量之间的关系。由于沉积物的损失，流入河水的营养物质浓度从水源到大坝沿着坡度逐渐下降。

造成的损失最初是由于水库上游部分悬浮粒子的承载能力下降，但是由于浮游
植物的摄入和沉降，后来又进一步下降。由于无机浊度和冲刷作用，浮游植物
的产量在上游可能较低，但往往会在下游增加。与浮游植物生产中的营养物质
浓度下降和在中游或下游增加相一致，这将是外来和原生沉积物沉积速率的峰
值。沉积物中的有机碎屑和小无机颗粒（例如黏土和细粉粒）通常富含营养物
质，它们通过平流置换下沉。这些过程的最终结果是在下游较深的地区积累了
富含营养物质的高含水量沉积物。

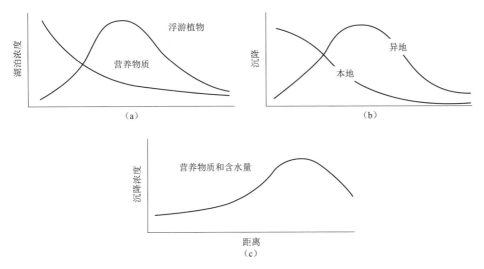

图5-8　(a) 营养和浮游植物随源头至大坝距离的变化；(b) 本土和异地沉降速率随
　　　源头至大坝距离的变化；(c) 沉积物和营养物质含量随源头至大坝距离的变化

5.2.3　内部负荷

　　湖泊或水库的储存场所（如沉积物）中营养物质的季节性释放可能对湖泊
营养状况产生显著的影响，特别是在外部输入源很少的时候（Cooke et al.，
1977）。尽管河流营养投入占主导地位，但内部营养循环对于水库也具有重要的
生态意义。而且考虑到沉积物特征梯度的确定，在特定水库不同位置之间可能
在生态意义上存在巨大差异。例如，弗吉尼亚州北部的奥科宽水库，在沉积物
磷浓度方面存在纵向差异，沉积物与上覆水之间的交换程度存在差异（To and
Randall，1975）。该水库表层沉积物中的磷浓度和释放速率比下游湖泊的沉积物
高。差异在释放/吸收阈值浓度上也是很明显的，当水柱磷浓度高于 1.75mg/L
时，在缺氧的上浮沉积物中的磷释放停止，而当水柱磷浓度仅仅超过 0.5mg/L
时，下游湖泊沉积物从底层水中吸附磷。

　　因此，沉积物的内部负荷与营养状态、氧气动力学和沉积历史有关。德格雷湖，由于历史多变的条件，为这些关系提供了一个有启发性的例子（Kennedy and Nix，1987）。蓄水池中的木材、森林凋落物和其他有机碎屑在蓄水前相对不受干扰，但对溶解氧的供应有很大需求。缺氧条件在分层发生后立即产生，整个水膜在夏季表现出缺氧状态。在这个阶段的早期，尽管外部负荷相对较低，但其营养物质浓度较高，这表明通过混合扩散可能使溶解物质在温跃层上显著交换。在随后的几年中，由于蓄积的有机沉积物被耗尽，氧气条件得到改善。夏季，下层滞水带的营养浓度也有所下降。现在的条件更加符合湖泊的低负荷率和中等生产率。然而，内部负荷变化仍然发生在源头地区（Kennedy et al.，1986）。卡多河的有机污染物是湖泊的主要营养和有机负荷的主要来源，它们沉积在水源的沉积物中，导致夏季缺氧条件的形成，同时下层滞水带的营养浓度会增加。沉积物采集数据表明，从这种浅水源部分到海面的营养交换可能会影响到湖泊上游地区最大的叶绿素种群的建立。

　　图 5-9 是关于类似水文和形态学的水库内部负荷发生的意义以及纵向差异的概括，以及它与水库营养状况的关系。在非生产性的水库中，低外源有机物和低生产能力可能导致缺氧条件的限制（见第 4 章）。缺氧的水源沉积物和湍流的混合所释放出的物质可能会将营养物质引入地表水。在高生产力的分层水库

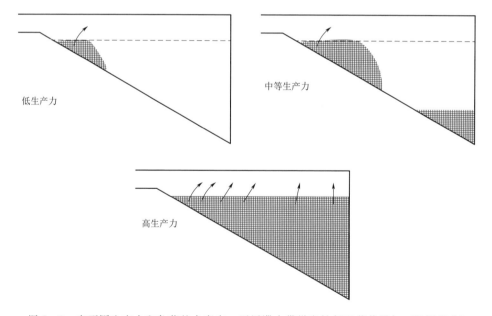

图 5-9　在不同生产力和负荷的水库中，下层滞水带纵向缺氧和营养增加（阴影部分）
以及营养物质向上交换（图中箭头）

中，外来和原生有机质的输入可导致下层滞水带完全缺氧，并因此增加营养物质的释放。跨温跃层的浓度梯度可能为下游地区的表水层带来营养。中等生产力的水库中会发生内部负荷变化。

5.3 水库调度

天然湖泊和水库的排水方式不同，水位在日常或季节性波动程度上的差异也很明显。天然湖泊在地表排水，由于不受控制，湖泊水位的变化很少是极端的。另外，水库的设计是为了改变或控制河流的流动，因此经常会经历水位的显著变化。在水电站水库中，水位可能出现波动剧烈周期。虽然表孔溢流确实发生，但是底孔出流对于大型水库更为常见。因此，水库调度可能会影响营养动态。

Wright（1967）提出，表面排放的湖泊会吸收营养物质，并消耗热量，而地下排水湖泊则会消耗营养并储存热量。Martin 和 Stroud（1973）、Martin 和 Arneson（1978）分别通过比较不同方法调度的水库以及水库和天然湖泊为上述假设提供了相关依据。诺林湖（地下排水湖）尾水中的总碳和总磷浓度均高于巴伦河小库（表尾排放）。黑格伦湖（一个深水水库）和夸克湖（一个地表排泄的堰塞湖）也有类似的差异。

许多非水电站水库在夏季（当季节性流量较低时）作为表层放流的湖泊运行。但是，洪水排放时，必须使用大型的排放下层滞水的闸门。这种运营变化的影响往往是戏剧性的。在夏季暴风雨影响下，在红岩湖使用排放下层滞水的闸门，影响了水库的流动模式，并导致了富含营养的暴雨水的"短期循环"。根据流量和湖泊体积数据估计，水库中雨水的实际滞留时间是理论滞留时间的一半（Kennedy et al.，1981）。

如果营养物质在水库中积累，那么由于洪水的释放或在水力发电过程中的水流排放就会导致水库的营养流失。这种损失的管理影响是值得考虑的，如果不同深度地层的停留时间可以通过出口结构的操作（例如，通过选择性排放）来控制，那么水库管理人员就可以对水库中发生的与营养相关的过程施加一定的控制。例如，分层水库的河流层输送的营养物质，可以通过从水流深处取水来"排尽"。类似地，在暴雨之后进入水库的营养物质或在分层过程中积累在深水中，可以选择性地从水库中冲走，从而减少它们对藻类生产的影响，如 Elser 和 Kimmel（1985）展示的那样。然而，一个水库的营养释放可能构成下游水库的营养输入，从而影响这些下游系统的生产力。

湖泊水位的变化也会影响营养状况。除了水滞留时间的变化，水位波动可以增加沿海和远洋区之间的营养交换。例如克列缅丘格水库植物受侵染的滨海地带的代谢活性增加了土壤中氮和磷的浓度。（Zimbalevskaya et al.，1976）。在水力发电的过程中，湖泊水位下降，营养物质从"沿岸到浮游生物区，可供那里的浮游植物利用"。经过 6 年的干旱后，阔宾水库恢复到正常水位，导致新建立的陆地植被被淹没在湖周围。Miner（1974）计算的氮、磷负荷下降量分别为 $1.3g/m^2$ 和 $0.1g/m^2$。这种类型的营养交换可能在具有较高的海岸线开发率的水库中具有重要的意义。

5.4　总结

水库和所有的湖泊一样，都是动态的水生生态系统，我们对此只有有限的了解。然而，基于前面的讨论，我们可以对水库中的营养动态提供几点概括。基于这些想法的建议是将水库划分为河流区、过渡区和湖泊区，但必须强调的是，区域之间的边界往往难以划定，而且区域的位置在时间上具有不稳定性。

平流流域与狭长的盆地形态相结合，形成了与营养相关的过程的空间排序，并建立了从源头到大坝的梯度。营养负荷通常很大程度上与悬浮颗粒有关，流经河流区域并随着流量的减少而沉积下来。在过渡区异重流下降的情况下，沉积损失和分层的水柱使浮游植物的营养供应减少。浮游植物的营养利用潜力最大的是在过渡区和河流带之间的区域。湖区的营养利用率进一步降低，垂直交换可能为浮游植物的生长提供重要的营养物质。营养的空间分布也受到出口操作的影响，可能通过沉积物质量的模式来反映

5.5　经验模型的含义启示

营养负荷模型最初是从北部湖泊数据中发展而来的，旨在通过三个主要变量的函数预测水体的富营养化：

P_i 代表全年总磷浓度（mg/m^3）；

Z 代表平均深度（m）；

T 代表年平均水力停留时间（年）。

大多数发表的模型可以用上述术语的组合来表示（Vollenweider，1968，1976；Chapra，1975；Larsen and Mercier，1976；Jones and Bachmann，1976；Canfield and Bachmann，1981）。

这些模型本质上是经验性的，不应该在模型校准用的数据集的范围之外使用。应用"范围"不仅指所提到的三个显性变量，还涉及可能影响营养动力学的其他特征（包括蓄水类型和区域），因此在模型的制定中是隐含的。

对于加载模型的开发和使用具有潜在重要意义的湖泊与水库差异包括：

（1）水库的水力滞留时间往往较短，这可能表明需要确定季节性的营养和

水量平衡，而不是每年的基数。

（2）由于区域地理因素的影响，水库往往具有较高的颗粒磷负荷百分比和较高的沉积物积累速率，这些均可能影响磷保留率模型的参数估计。

（3）水库往往具有更高浓度的外来悬浮固体，影响磷与叶绿素和叶绿素与透明度的关系。

（4）水库形态和水动力特征更有利于磷营养状态指标的空间梯度发展；对空间平均条件的预测可能不足以描述许多水库。

（5）水动力因素（潜流、汇流、底部出口、池水平波动）影响营养反应，这些因素在现有的模型中没有直接解释。

如果要发展适当的水库富营养化评估，必须考虑这些可能对模型确定、参数估计、监测和数据压缩程序有重要影响的差异。

Clausen（1980），Canfield 和 Bachmann（1981），Higgins 和 Kim（1981），Walker（1982b，1982c，1985）和 Mueller（1982）的实证研究表明，最初从北方湖泊数据开发的磷保留模型的参数估计，当模型被重新校准运用到水库数据集时，需要进行重大调整。这些调整通常反映了与天然湖泊相比，给定了流入浓度、平均深度和水力停留时间的水库具有较高的磷沉降速率。

参考文献

Canfield，D. E. and R. W. Bachmann. 1981. Prediction of total phosphorus concentrations，chlorophyll-a and Secchi disc in natural and artificial lakes. Can. J. Fish. and Aq. Sci. 38：414 – 423.

Carmack，E. C.，C. B. J. Gray，C. H. Pharo，and R. J. Daley. 1979. Importance of lake-river interactions on seasonal patterns in the general circulation of Kamloops Lake，British Columbia. Limnol. Oceanogr. 24：634 – 644.

Carmack，E. C. and C. B. J. Gray. 1982. Patterns of circulation and nutrient supply in a medium residence time reservoir Kootenay Lake，British Columbia. Can. Wat. Res. J. 7：51 – 70.

Chapra，S. C. 1975. Comment on " An empirical method of estimating the retention of phosphorus in lakes" by W. B. Kirchner and P. J. Dillon. Wat. Resourc. Res. 11：1033 – 1034.

Clausen，J. 1980. OECD Cooperative Programme for Monitoring Inland Waters Regional Project - Shallow Lakes and Reservoirs. Organization for Economic Cooperation and Development.

Cooke，G. D.，M. R. McComas，D. W. Waller，and R. H. Kennedy. 1977. The occurrence of internal phosphorus loading in two small，eutrophic，glacial lakes in northeastern Ohio. Hydrobiol. 56：2，129 – 135.

Elser，J. J. and B. L. Kimmel. 1985. Nutrient availability for phytoplankton production in a multiple-impoundment series. Can. J. Fish. Aquat. Sci. 42：1359 – 1370.

Gloss, S. P. , D. E. Kidd, and L. M. Mayer. 1980. Advective control of nutrient dynamics in the epilimnion of a large reservoir. Limnol. Oceanogr. 24: 219 – 228.

Gunkel, R. C. , R. F. Gaugush, R. H. Kennedy, G. E. Saul, J. H. Carroll, and J. Gauthey. 1984. A comparative study of sediment quality in four reservoirs. Technical Report E – 84 – 2. U. S. Army Engineer Waterways Experiment Station, Vicksburg, MS.

Hakanson, L. 1977. The influence of wind, fetch, and water depth on the distribution of sediments in Lake Vanern, Sweden. Can. J. Earth Sci. 14: 397 – 412.

Hart, B. T. , R. J. Mcgregor, and W. S. Perriman. 1976. Nutrient status of the sediments in lake mulwala. 1. Total Phosphorus. Aust. J. Mar. Freshwat. Res. 27: 129 – 135.

Higgins, J. M. and B. R. Kim. 1981. Phosphorus retention models for Tennessee Valley Authority reservoirs. Wat. Resourc. Res. 17: 571 – 576.

Hrbacek, J. , L. Prochazkova, V. Straskraboua – Prokesova, and C. O. Junge. 1966. The relationship between the chemical characteristics of the Vlstara River and Slapy Reservoir with an appendix: Chemical budget for Slapy Reservoir. Hydrobiol. Stud. 1: 41 – 84.

Hyne, N. J. 1978. The distribution and source of organic matter in reservoir sediments. Env. Geol. 2: 279 – 287.

James, W. F. , R. H. Kennedy, R. H. Montgomery, and J. Nix. 1987. Seasonal and longitudinal variations in apparent deposition rates within an Arkansas Reservoir. Limnol. Oceanogr. 32: 5, 1169 – 1176.

James, J. R. and R. W. Backmann. 1976. Prediction of phosphorus and chlorophyll levels in lakes. J. Wat. Poll. Contr. Fed. 48: 2176 – 2182.

Kennedy, R. H. , K. W. Thornton, and J. H. Carroll. 1981. Suspended sediment gradients in Lake Red Rock. Pages 1318 – 1328 in H. G. Stefan, ed. Proceedings of the symposium on surface water impoundments. Amer. Soc. Civil Engr. , New York, NY

Kennedy, R. H. , K. W. Thornton, and R. C. Gunkel, Jr. 1982. The establishment of water quality gradients in reservoirs. Can. Wat. Res. J. 7: 71 – 87.

Kennedy, R. H. , R. H. , K. W. Thornton, and D. Ford. 1985. Characterization of the reservoir ecosystem. In D. Gunnison, ed. Microbial processes in reservoirs. Dr. W. Junk Publishers, Boston, MA.

Kennedy, R. H. , R. H. , W. F. James, R. H. Montgomery, and J. Nix. 1986. The influence of sediments on the nutrient status of DeGray Lake , Arkansas. In P. G. Sly, ed. Sediments and water interactions. Springer – Verlag Publishers , New York , NY.

Kennedy , R. H. , R. H. , and J. Nix , eds. 1987. Proceedings of the DeGray Lake Symposium. Technical Report E – 87 – 4. US Army Engineer Waterways Experi-ment Station, Vicksburg , MS.

Larsen , D. P. and H. T. Mercier. 1976. Phosphorus retention capacity of lakes. J. Fish. Res. Bd. Con. 33: 1742 – 1750.

Martin , R. G. and R. H. Stroud. 1973. Influence of reservoir discharge location on water quality, biology and sport fisheries of reservoirs and tailwaters. 1968 – 1971. U. S. Army Engineer Waterways Experiment Station, Vicksburg, MS.

Martin, R. G. , D. B. and R. D. Arneson. 1978. Comparative limnology of a deep – discharge

reservoir and a surface – discharge lake on the Madison River, Montana. Freshwat. Biology. 8:
33 – 42.

Miner, N. H. 1974. The potential for impact for inundation of terrestrial vegetation on the wa-
ter quality of Quabbin Reservoir-Commonwealth of Mas- sachusetts. Wat. Res. Bul. 10 (6):
1288 – 1297.

Mueller, D. K. 1982. Mass balance model estimation of phosphorus concentrations in reser-
voirs. Wat. Res. Bull. 18: 377 – 382.

Omernik, J. M. 1977. Nonpoint source-stream nutrient level relationships: A nationwide study.
Corvallis Environmental Research Laboratory. EPA – 600/3 – 77 – 105, U. S. Environmental
Protection Agency.

Peters, R. H. 1979. Concentration and kinetics of phosphorus fractions along the trophic gradi-
ent of Lake Memphremagog. J. Fish. Res. Board Can. 36: 970 – 979.

Priscu, J. C. , J. Verduin, and J. E. Deacon. 1981. тne fate of biogenic suspersoils in a desert
reservoir. Pages 1657 – 1667 in H. G. Stefan, ed. Proceedings of the symposium on surface
water impoundments. Amer. Soc. Civil Engr. , New York, NY.

Ryder, R. A. 1978. Ecological heterogenity between north – temperate reservoirs and glacial
lakes systems due to differing succession rates and cultural uses. Verh. Int. Verein. Limnol.
20: 1568 – 1574.

Spiller, G. B. 1977. A mathematical model of seasonal and spatial variation in phosphorus con-
centrations in the surface waters of Lake Memphremagog, Ouebec. M. S. Thesis, Biology
Dept. , McGill University, Montrea, Ouebec.

Thornton, K. W. , R. H. Kennedy, J. H. Carroll, W. W. Walker, R. C. Gunkel, and S.
Ashby. 1981. Reservoir sedimentation and water quality – an heuristic model. Pages 654 – 661
in H. G. Stefan, ed. Proceedings of the symposium on surface water impoundments. Amer.
Soc. Civil Engr. , New York, NY.

To, Y. S. and C. N. Randall. 1975. The effect of sediment on reservoir water quality. Pages
590 597, in proceedings of the Second National Conference on Complete Wateruse, Amer.
lnst. Chem. Eng.

U. S. Environmental Protection Agency. 1978. National Eutrophication Compedians Working
Papers 474 – 477. Corvallis Environmental Research Laboratory and Las Vegas Environmental
Monitoring and Support Laborator, U. S. Environmental Protection Agency.

Vollenweider, R. A. 1968. The scientific basis of lake and stream eutrophication, with particu-
lar reference to phosphorus and nitrogen as eutrophication factors. Technical Report DASID-
SII68. Organization for Economic Cooperation and Development, Paris.

Vollenweider, R. A. 1976. Advances in defining critical loading levels for phosphorus in lake
eutrophication. mem. 1st. ltal. Idrobiol. 33: 53 – 83.

, Walker, W. W. 1982a. A simplified method for predicting phosphorus gradient potential in res-
ervoirs, prepared for Environmental Laboratory. EWQOS Work Unit 1 – E, Working paper
No. 10. USAE Waterways Experiment Station, Vicksburg, MS.

Walker, W. W. , W. W. 1982b. Empirical methods for predicting eutrophication in impoundm-
ents. Report 2: Model Testing, prepared for Office Chief of Engineers, U. S. Army, Wash-

ington, DC. Technical Report E – 81 – 9. U. S. Army Corps of Engineers. Waterways Experiment Station, Vicksburg, MS.

Walker, W. W., W. W. 1985. Empirical methods for predicting eutrophicationin impoundments. Report 3: Model Refinements, prepared for Office Chief of Engineers. U. S. Army, Washington, DC. Technical Report E – 81 – 9. U. S. Army Corps of Engineers. Waterways Experiment Station, Vicksburg, Ms.

Wright, J. C. 1967. Effect of impoundments on productivity, water chemistry, and heat budgets of rivers. Pages 188 – 199 in Reservoir Fishery resources. Am. Fish. Soc. , Washington, DC.

Wunderlich, W. O. 1971. τbe dynamics of density – stratified reservoirs. Pages 219 – 231 in G. E. Hall, ed. Reservoir fisheries and limnology. Spec. Pub. 8th Amer. Fish Soc. Washington, DC.

Zimbalevskaya, L. N. , L. A. Zhuravleva, L. A. Khoroshikh, V. 1. Pugach, L. E. Kostikova, M. N. Dekbtyar, and A. B. Yakubovsky. 1976. Eutrophication of the Kremenchug Reservoir shallows. Limnologica. 10 (2): 321 – 324.

第6章 水库初级生产力

BRUCE L. KIMMEL, OWEN T. LIND, AND LARRY J. PAULSON

　　水库处于河流和天然湖泊的中间位置，关系到河流和天然湖泊的形态和水文特征，外部养分输入和内部养分循环的相对重要性，异质与原生有机质源对食物链的意义（见表6-1）。由于水库结合了河流和湖泊环境的众多特点，常被称为"河流-湖泊混合系统"（如：Lind，1971；Henderson et al.，1973；Ackermann et al.，1973；Ryder et al.，1974；Margalef，1975；Ryder，1978；Goldman and Kimmel，1978；Thornton et al.，1981；Jenkins，1982；Benson，1982；Groeger and Kimmel，1984；Kimmel and Groeger，1984；Carline，1986；Soballe and Kimmel，1987；Soballe et al.，in press）。河流-湖泊混合系统概念的提出，是为了利用现有的对河流、湖泊和河湖相互作用的认识，以促进对水库系统的理解：①各个水库在物理、化学和生物等方面的时空差异。②不同水库以及水库类型间湖泊生态特征的变化。③人工湖泊和天然湖泊的异同点。④水库生态系统的结构、功能和动态。

　　本章主要目的是讨论水库生态系统的初级生产力。主要讨论大型水库蓄水区中占主导地位的浮游植物。首先，本章简要介绍了水库的主要生产者、控制水库浮游植物生长的环境因素以及水库生产力的相对大小和变化。其次，讨论了影响水库浮游植物生长分布和数量的水平、垂直梯度等环境因素。再次，考虑以管理为导向的经验模型和对水库生态系统的理解之间的关系。最后，探讨了梯级水库生产力的影响因素以及用于水库流域生态系统分析的河流-流域级方法的必要性。以上讨论均基于"河流-湖泊混合系统"的假设，该假设为增强对水库生态系统的认识提供了有效的理论基础。

表6-1　相对于河流和天然湖泊处于中间位置的水库水生生态系统特征

特　　征	河　　流	水　　库	湖　　泊
盆地形态	细长形，渠道形	中间	圆形/卵形，碗形
水流	快速，定向	中间	慢，无方向性
冲刷速率	迅速	中间	慢

续表

特　征	河　流	水　库	湖　泊
流域	很大	中间	少
影响			
悬浮率	高	中间	低
颗粒负载			
营养供给	平流，比较连续	两者都有	原位循环
营养素损失的主要模式	平流	两者都有	沉降
有机物质供给	外来物质	中间	更多原位资源
空间结构	纵向梯度	两者都有	垂向梯度

6.1　水库初级生产者和控制初级生产的环境因素

6.1.1　水库初级生产者

在河流和湖泊中，水库的初级生产者（自养）包含 4 类：浮游藻类（浮游植物）、浮游光合细菌、附着藻类（附生植物）和具有根系的大型植物。而这些初级生产者群落对水库光合作用总有机质量的相对贡献尚不明确。然而，由悬浮泥沙和黏土侵蚀造成的非生物浑浊和由防洪和水电工程运行引起的水位波动往往限制水库附着藻类和根系水生植物群落的发育，从而最大限度地提高浮游生产者对总初级生产力的贡献（如：Ellis，1936；Isom，1971；Ryder，1978；Kimmel and Groeger，1984）。虽然光合细菌普遍存在于清晰、稳定的分层水库中，并且有助于提高水体中叶绿素的浓度（Knowlton and Jones，1989），但是它们对水库初级生产力的贡献是很小的。

尽管浮游植物在水库初级生产中占有一定优势，但在相对清澈、水位稳定的水库中，存在大量的沿岸带大型水生植物群落和附生植物群落（Little，1966；Barko，1981）。例如，为了保证通航而减小了田纳西河干流水位波动，这大大促进了田纳西河干流水库河湾区以及其他快速冲刷系统中大型水生植物群落和附生植物群落的生产力（Placke and Poppe，1980；Placke，1983）。

遗留在库区的木材可作为鱼类栖息地，为附着生物的生长提供物质基础，从而增加藻类光合作用的表面积，促进附着生物群的生长。附着生物群指能与水面反应的整个生物群体，包括藻类、细菌、真菌、原生生物、微观和宏观消费者等。如在理查德·B. 罗素水库佐治亚州和南卡罗来纳交界处蓄水后，遗留在库区的树木促进了位于透光层的附着生物的生长（Hains，1987）。位于密苏里河上的弗朗西斯凯斯湖以及刘易斯和克拉克湖，夏季大型无脊椎动物的密度分别是沉水木材的 4 倍和 11 倍，大于河底沉积物的密度（Cowell and Hudson，1967；Clatlin，1968）。在这两个水库中，底栖生物的密度与附着生物量有显著关系（Ploskey，1981）。由于水库存在一种局部浓度较高的生物（即附着生物群与其相关的消费者），并且更高层次的消费者能够比高度分散的浮游生物群更有效地利用该生物，因此，附着生物对鱼类产量的影响可能比其对水库初级生产力的贡献更为显著。

河流浮游植物和漂流附着生物群是水库藻类生物量的重要组成部分。然而在相对稳定的水库环境中，大型、厚壁、快速下沉的河流藻类减小了河流对水库藻类资源量的贡献。Soballe 和 Bachmann（1984）指出艾奥瓦州红岩湖水库年平均水滞留时间为 11 天，因此水库上游地区的藻类沉积率比较高，而大坝附近因沉降而产生的浮游植物损失可忽略不计，并且从水库上游至下游藻类细胞的平均尺寸减小，结果表明，湖泊浮游植物能迅速替代河流藻类。

从上游水库释放到下游的浮游植物，尤其是表层泄水释放的浮游植物，能够有效促进浮游植物量生长和下游河流水库的生产力（Brook and Rzoska，1954；Talling and Rzoska，1967；Hammerton，1972；Shiel and Walker，1984；Petts，1984）。浮游植物在水库流量中的生存能力取决于出水口深度。表层或近表层泄水可将浮游植物输出至下游，而滞水层泄水则主要将濒死细胞和有机颗粒排放到下游（Coutant，1963；Cowell，1970；Lind，1971；Stroud and Martin，1973）。

令人惊讶的是，相比于内源性生产，关于浮游植物平流输入相对重要性的研究鲜有报道（Soballe and Bachmann，1984）。为了解释在田纳西河快速冲刷的主蓄水区中观察到的鱼类产量水平，Adams 等人（1983）假设从一个较大、生产率较高的上游水库（奇克莫加水库，位于田纳西州，水体滞留时间为 3 天）排出的自养浮游植物，为下游水库的本地藻类生产提供重要供给。然而，这一假设并未得到证实。上下游水库之间生物联系的重要性是一个需要定量研究的领域。

6.1.2 水库浮游植物生产力的大小分布

由于水库的半自然河流性质以及水库中紊动、营养负荷水平较高，大型浮游植物（$>20\mu m$）对于水库的意义比天然湖泊中更为重要（Kalff and Knoechel，1978；Malone，1980；Watson and Kalff，1981）。然而，通过比较水库中不同营养状况、浊度和生产力水平下自养浮游植物（如光合作用中 ^{14}C 吸收所表明的）的规模分布，发现与大多数湖泊和开放海域相似（Stockner and Antia，1986；Platt and Li，1986），小型藻类（$<8\mu m$）控制水库浮游植物的生产力（Kimmel，1983；Kimmel and Groeger，1987）。

例如，在位于阿肯色州的德格雷水库中，通常情况下光合作用所需 ^{14}C 的

50%～70%来自小型浮游植物（能通过 8μm 核孔聚碳酸酯过滤器）。德格雷水库中体积较小的浮游细菌（＜1.0μm）占非自养微生物的 75%～90%，而附着于悬浮颗粒的细菌或细菌群所占比例较小（Kimmel and Groeger，1987）。这些水库数据证明在大范围的环境条件下自养微生物与直径小于 8μm 的藻类有关，非自养微生物与直径小于 1.0μm 的细菌有关。另外，这些结果进一步表明上层生态系统的生产代谢活动由体积较小生物支配（Pomeroy，1974；Sieburth et al.，1978；Williams，1981；Ducklow，1983；Stockner and Antia，1986；Platt and Li，1986），同时证明这种观点不仅适用于营养贫瘠的海洋、沿海和湖泊，也适用于生产力较高的湖泊和水库。

6.1.3 控制浮游植物生产的因素

水库浮游植物的生产力和生物量水平取决于水库中的物理、化学和生物等因素，并且这些是水库气候和水文状况、流域面积和性质、水库流域形态、江水入流的体积和性质以及水库食物网结构相互作用的结果。水库流域形态和流速的纵向变化导致水库冲刷率、混合深度、悬浮颗粒浓度和营养水平存在差异，从而引起水库各部分光照和营养有效性的不同。这些相互作用将在下面有关水库梯度的讨论中详细介绍。

水库中浮游植物的生产力和生物量受同类能量和营养的输入（Brylinsky and Mann，1973；Schindler，1978；Brylinsky，1980）以及其他相关浮游生物系统盈亏平衡（Jassby and Gold man，1974；Kalff and Knoechel，1978；Westlake et al.，1980）的控制。众所周知，控制浮游植物生产力的基本因素包括温度、光照、常量和微量营养元素等（如：Talling，1961；1971；Lund，1965；Goldman，1968；Fogg，1975；Steeman Nielsen，1975；Harris，1978；Westlake et al.，1980；Reynolds，1984；Harris 1986），这里不再赘述。总之，藻类生长速率由一些限制因子（如光）的相对可用性决定，并随该限制因子的增强而增加，直到另一个因子（如养分的可利用性或温度）成为限制因子。然而，由于浮游生物的生长环境在物理、化学和生物活性方面都是动态的，因此，相比于单一因子控制的说法，控制藻类生长的环境因子复合体的概念更合适（如：O'Brien，1972，1974；Harrls，1978，1980a，1988）。

作为浮游植物生长最终产物的藻类生物量的积累是由生物量的生产率和损失率共同决定的。影响这些速率的因素分为两类：①物理因素和化学因素，主要通过影响光和营养的可用性，影响浮游植物光合作用、藻类生长、温度相关的代谢率和由细胞沉降以及冲刷引起的浮游植物损失。②生物因素，生物因素主要影响藻类光合速率、光合作用产生的细胞排泄物以及捕食或寄生引起的浮游植物损失。因此，浮游植物资源量的波动反映了几种盈亏过程的净平衡变化，通常概括为：

$$B_t = (A_i + GP) - (A_0 + R + G + S + M)$$

式中　B_t——在一定的时间间隔 t 内浮游植物生物量的变化；

　　　A_i——平流输入量；

　　GP——浮游植物总产量；

　　　A_0——平流输出量；

　　　R——呼吸量；

　　　G——摄食；

　　　S——沉降量；

　　　M——其他死亡或损失来源。

Jassby 和 Goldman（1974）以及 Crumpton 和 Wetzel（1982）通过评估藻类增殖和损失率，详细考虑了浮游植物群落的动态变化。

在海洋和淡水浮游生物系统的调查中，通常强调浮游植物生产的营养控制（如：Goldman，1968；Likens，1972；Vollenweider，1976；Schindler，1978）。河流的研究不如湖泊深入，但是其悬浮固体浓度高、垂向混合迅速，因此有限的光能利用率通常被认为是河流中较重要的控制因素（如：Mann et al.，1972；Naiman and Sedell，1981；Wetzel，1975a）。光和营养成分的可利用率是控制水库浮游植物生产力的两个主要因素，它们本身是入流特征（特别是悬浮泥沙和溶解养分负荷）和垂直混合状态的函数。

湖泊、河流和水库的水体滞留时间对浮游植物生物量和生产力水平有重要影响（Soballe and Kimmel，1987）。在恒化器中，如果冲刷速率超过浮游植物增殖倍率，生物量的积累和藻类生产力将受到由冲刷引起的细胞平流损失的限制（如：Brook and Woodward，1956；Dickman，1969；Javornicky and Komarkova，1973；Straskraba and Javornicky，1973）。实验室中藻类的增长率为每增加一倍需要 0.25～2.0 天不等（Hoogenhout and Amesz，1965）；然而，自然界中浮游植物的生长速度要慢得多。Westlake（1980）认为在最佳光合作用的深度范围内浮游植物的增殖倍率从 0.12 天到 7.5 天不等。通过冲刷可以将藻类生物量积累时的水滞留时间控制在一周左右（Uhlmann，1968）。许多天然河流的主河道和反调节水库平均水滞留时间小于 7 天，因此浮游植物的生产和物种组成常受到水库系统内冲刷速率的影响。在捷克斯洛伐克的伏尔塔瓦河梯级水库系统的反调节水库中，平均水滞留时间为 1.5 天，浮游植物和浮游动物的生物量与水库冲刷速率呈负相关关系（Straskraba and Javornicky，1973）。

当透光层的冲刷率较高时，如在流量大的春季，在水滞留时间相对中等的湖泊和水库中，浮游植物的冲刷也是非常重要的（Carmack et al.，1979）。但是，如果冲刷速率不超过浮游植物群的平均增值时间，则流量增加可通过增加营养物质的可利用性来提高浮游植物生产力。Turner 等人（1983）指出流量增加将使水滞留时间从 44 天缩短到 22 天，但是这导致佛罗里达州的塔尔昆湖浮游植物的年产量增加了一倍。

据推测，在急流和静水生态系统中，平流或水体滞留时间影响都有一定的阈值（Margalef，1960；Ford and Thornton，1979；Meyer and Likens，1979），并且如果平流超过阈值，则系统结构和功能可能发生显著变化。有研究对影响河流、湖泊和水库中浮游植物丰富度的因素进行了统计比较（Soballe and Kimmel，1987），证实了这一假说，并论证了水滞留时间对藻类生物量的阈值效应在季节和整个系统尺度上都能体现。模型模拟（Pridmore and McBride，1984；Soballe and Threlkeld，1985）、实验研究（Brook and Woodward，1956；Talling and Rzoska，1967；Dickman，1969；OECD，1982）和统计分析（Soballe and Kimmel，1987）表明水循环更新对浮游植物丰富度的直接平流作用仅限于水滞留时间小于 60～100 天的系统。

湖泊学家认为，传统意义上控制浮游植物生产力和群落组成的主要因素是其物理和化学性质（如：Wetzel，1983；Harris，1980，1986）；然而，生物因素，如食物链相互作用，也会影响初级生产力水平（Hrbacek et al.，1961；Shapiro，1980；Carpenter et al.，1985，1987）。营养级联的相互作用假说（Carpenter and Kitchell，1984；Carpenter et al.，1985）认为湖泊生态系统生产力通过生物和非生物机制进行分层调控，而湖泊生产力的许多无法解释的差异是由食物链结构和营养物质相互作用造成的。因此，食物链上的营养级联差异体现在浮游鱼类的种群动态和行为上，影响草食性猎物的生长，最后通过选择性摄食和营养循环影响浮游植物群落的组成和生产力。

Carpenter 等人（1987）开展了整个湖泊鱼类种群的实验，以验证较高的营养物质水平调节浮游动物和浮游植物群落的结构生物量和初级生产力的假设的准确性。实验湖泊中，食鱼动物的加入和食浮游生物动物的剔除导致浮游生物群落组成和浮游植物生产力发生重大变化，并得出结论，非生物因素和食物链效应是影响湖泊生产力的同等重要的因素。尽管目前对湖泊生产力的影响因素有两种截然不同的认识，"自下而上"控制生产力（即通过营养物质、光照、混合）和"自上而下"控制生产力（即通过食物链相互作用），但是二者均认为在不同时期，生物和非生物因素控制对湖泊和水库都是非常重要的，并且它们的相对重要性随着时间、空间和系统的变化而变化。

6.1.4　水库浮游植物生产力的大小和可变性

本文列出了不同温度和热带水库的平均日浮游植物产量的估算值，如表 6-2 所示。表 6-2 中列出的水库涵盖了从营养贫瘠到富营养化的整个范围，其生

表 6-2　水库浮游植物生产力估算总结

水库名称	时间	日平均产量 mg/(cm² · d)	说明	文献
贫营养：50～300mg C/(m² · d)				
塔特尔溪，美国堪萨斯州	1970 年；1971 年	67	¹⁴C；高浊度，光限制系统	Marzolf 和 Osborne (1971)
库卡努萨，美国蒙大拿州	1972—1975 年	84*	¹⁴C	Woods (1981)
萨姆雷本，美国得克萨斯州	1977—1978 年	102	¹⁴C	Lind (1979)
默尔柯林斯，美国加利福尼亚州	1965—1968 年	106*	¹⁴C；新建水库，从 1965 年到 1968 年，生产率提高了约 33%	Chamberlain (1972)
斯莫尔伍德，拉布拉多，加拿大	1974、1975 年	138*	¹⁴C	Ostrofsky (1978)，Ostrofsky 和 Duthie (1978)
峡谷水库，美国得克萨斯州	1976 年	184	¹⁴C	Hannan 等 (1981)
福尔瑟姆水库，美国加利福尼亚州	1965、1966 年	189*	¹⁴C	Chamberlain (1972)
德格雷，美国阿肯色州	1979、1980 年	199*	¹⁴C	Kennedy (unpubl. data)
诺特利，格鲁吉亚	1969 年	208	¹⁴C	Taylor (1971)
尼克扎克，美国田纳西州	1973 年	235	¹⁴C，夏季估算	Placke 和 Poppe (1980)
中营养：250～1000mg/(cm² · d)				
弗朗西斯凯斯，美国南达科他州	1968 年	260	净 O₂ 含量变化，夏季估算	Martin 和 Novotny (1975)
布罗肯鲍，美国俄克拉荷马州	1979—1980 年	309	¹⁴C，夏季估算	Kimmel (unpubl. data)
阿特伍德，美国俄亥俄州	1949 年	339	O₂ 总量变化，4～6 月	Wright (1954)
诺里斯，美国田纳西州	1967 年	360	¹⁴C	Taylor (1971)
古比雪夫，苏联	—	360～780	约 5～10 月	Salmanov 和 Sorokin (1972)，in Poddubny (1976)

续表

水库名称	时间	日平均产量 mg/(cm²·d)	说　明	文　献
门罗，美国印第安纳州	1975—1976 年	378*	^{14}C，4—6 月	Chang 和 Frey (1977)，Santiago (1978)
雷宾斯克，苏联	1955—1961 年、1958—1961 年、1964—1972 年	380*	^{14}C，5—11 月	Romanenko (1978)
马西纳朗伊，新西兰	1964—1966 年、1968—1970 年、1976—1979 年	76、210、380	^{14}C，人为富营养化	Mitchell 和 Galland (1981)
高尔基，苏联	1956 年	406	^{14}C，5—10 月	Sorokin 等 (1959)，in Poddubny (1976)
伊莎贝拉，美国密歇根州	1977—1978 年	424	净 O_2 含量变化，季节性估算	Groeger (1979)
诺曼底，美国田纳西州	1982 年、1983 年	458*	^{14}C	Kimmel (unpubl. data)
萨默维尔，美国西弗吉尼亚州	1971 年、1972 年	466	^{14}C	Fraser (1974)
斯拉皮，捷克斯洛伐克	1962—1967 年	501*	O_2 总量变化，4—9 月	Javornicky 和 Komarkova (1973)
诺斯莱克，美国得克萨斯州	1976 年	521	^{14}C	Stuart 和 Stanford (1979)
科里卡瓦，捷克斯洛伐克和斯洛文尼亚	?	523	?	Brylinsky (1980)
刘易斯和克拉克，美国内布拉斯加	1968 年	530	净 O_2 含量变化，夏季估算	Martin 和 Novotny (1975)
布拉茨克，苏联	?	577	?	Brylinsky (1980)
基奥维文，美国南卡罗来纳州	1973 年、1974 年	582*	^{14}C	Dillon 和 Rogers (1980)
帕庞德，美国南卡罗来纳州	1969—1973 年	606*	^{14}C，反应堆冷却水库	Tilly (1975)

续表

水库名称	时间	日平均产量 mg/(cm²·d)	说明	文献
赫布根，美国蒙大拿州	1965 年	658	净 O_2 含量变化，夏季估算	Martin 和 Arneson (1978)
哈特韦尔，美国南卡罗来纳州	1971 年	660	^{14}C	Abernathy 和 Bungay (1972)
西点湖，格鲁吉亚	1977 年	689	^{14}C	Davies 等 (1980)
奇特，美国西弗吉尼亚州	1971 年	695	^{14}C	Volkmar (1972)
基辅，苏联	1967 年	708	净 O_2 含量变化，4—10 月	Gak et al. (1972)
利普诺，捷克斯洛伐克	?	717	?	Brylinsky (1980)
多伊山谷，美国肯塔基州	1969—1972 年	729*	^{14}C	Bacon (1973)
伊凡柯维斯基，苏联	1956 年	733	? 5—9 月	Pyrina (1966)，in Poddubny (1976)
米德湖，美国亚利桑那州与内华达州交界处	1977—1978 年	810	^{14}C	Paulson 等 (1980)
韦科，美国得克萨斯州	1968，1977—1978 年	814*	^{14}C	Kimmel 和 Lind (1972)，Lind (1979)
比格霍恩湖，美国蒙大拿与怀俄明州交界处	1968—1970 年	827*	据 Ryther 和 Yentsch (1957) 的叶绿素和光数据估计	Soltero 和 Wright (1975)
塔尔昆湖，美国佛罗里达州	1972—1974 年	833*	^{14}C	Turner 等 (1983)
佩尼亚布兰卡，美国亚利桑那州	1959—1961 年	899	由 O_2 的变化和叶绿素数据估计值的生产总值	McConnell (1963)

续表

水库名称	时间	日平均产量 mg/(cm²·d)	说明	文献
特克索马湖，美国俄克拉荷马州与得克萨斯州交界处	1979年，1980年	934	^{14}C；夏季估算	B. L. Kimmel (unpubl. data)
道格拉斯，美国田纳西州	1969年	940	^{14}C	Taylor (1971)
富营养：>1000mg C/(m²·d)				
坎宁费里坝，美国蒙大拿州	1958年	1125	净O_2含量变化，4~9月	Wright (1958, 1959, 1960)
奇克莫加，美国田纳西州	1977年	1286	^{14}C；夏季估算	Placke 和 Poppe (1980)
莫斯，美国得克萨斯州	1976年	1302	^{14}C	Silvey 和 Stanford (1978)
切罗基，美国田纳西州	1969年	1416	^{14}C	Taylor (1971)
莫哈维，美国亚利桑那州与内华达州交界处	1976—1978年	1420*	^{14}C	Priscu 等 (1982)，Paulson 等 (1980)
肯塔基，美国肯塔基州与田纳西州交界处	1968年	1440	^{14}C	Taylor (1971)
克里希吉里，印度	—	1601	净O_2含量变化	Sreenivasan (1972)
比奇，美国田纳西州	1968年	1619	^{14}C	Taylor (1971)
瓦根特雷恩，美国内布拉斯加州	1969年，1970年	1781*	^{14}C，夏季估算，1969年和1970年的估算值分别为726mg C/(m²·d) 和 2836mg C/(m²·d)。1969年相对于1970年的高无机浊度造成了估算量的差异	Anderson 和 Hergenrader (1973)

续表

水库名称	时间	日平均产量 mg/(cm²·d)	说明	文献
阿什塔比拉，美国北达科他州	1966—1968年	1828*	净 O_2 含量变化	Peterka 和 Reid（1966），Knutson（1970），cited in Soltero 等（1975）
长湖，美国华盛顿州	1972年，1973年	1903	据 Ryther 和 Yentsch（1957）的叶绿素和光强数据估计，7月至次年3月	Soltero 等（1975）
彻克湖，荷兰	1969年	2055	^{14}C，荷兰低地水库	Beattie 等（1972）
大欧普兰，美国威斯康星州	1975年，1976年	2145*	^{14}C，3—11月	Sullivan（1978）
萨恩尔，印度	—	2312	O_2 总量变化	Sreenivasan（1972）
柔迪努拉，印度	—	2319	O_2 总量变化	Sreenivasan（1972）
斯坦利，印度	—	2329	O_2 总量变化	Sreenivasan（1972）
巴瓦尼萨伽尔，印度	—	2329	O_2 总量变化	Sreenivasan（1972）
卡因吉，尼日利亚	1970年，1971年	2434	O_2 总量变化	Lelek（1973）
沃尔特，加纳	1966年	2547	O_2 总量变化，水库净 O_2 含量变化范围为 2.0～5.2 g C/(m²·d)	Viner（1970）
阿玛拉瓦蒂，印度	—	3230	净 O_2 含量变化	Sreenivasan（1972）
基科奇，美国内布拉斯加州	1969年，1970年	3975*	^{14}C，夏季估算	Anderson 和 Hergenrader（1973）

注　除非另有说明，按递增顺序列出的生产力值代表全年或生长季节的平均日产量。星号表示两个或多个年度产量估算值的平均值。如 ^{14}C 方法估计所示。营养状态类别是 Likens（1975）和 Wetzel 提出的类别。

产力水平与天然湖泊相等（见表 6-3）。整体来说，水库可能比天然湖泊的生产力高一些。Wetzel（1983）和 Brylinsky（1980）列出的 102 个湖泊中，40％是营养贫瘠型的，40％是中等营养型的，只有 14％是富营养型的。相比之下，表 6-2 中所列的 64 个水库中，只有 16％是营养贫瘠型的，52％是中等营养型的，33％是富营养型的。这些相对生产力的差异可能是由湖泊和水库之间流域规模、流域肥力和水滞留时间的差异造成的。与大多数天然湖泊相比，许多水库具有较高的流域面积，较高的外部营养负荷，较短的水滞留时间（Thornton et al.，1981；Benson，1982；Kimmel and Groeger，1984；Soballe and Kimmel，1987）。

目前，我们还没有了解到一个超低营养型 [$<50\mu gC/$（m^2 · d）] 的水库。值得注意的是，正如营养状态命名法所标注，在表 6-2 列出的最贫营养型水库（塔特尔溪水库，堪萨斯州）中浮游植物生产力严重受到高水平非生物浊度的限制（Marzolf and Osborne，1971，Marzolf 第 7 章），而非营养限制。

能够对湖泊和水库生产力的逐年变化进行评估的多年系列数据十分罕见。表 6-4 的对比分析表明，水库中浮游植物生产量的年际变化并没有显著高于天然湖泊。但是，鉴于水库较高的冲刷率和蓄水河流入流的影响，因此如果能够获得更精细尺度（例如每天）的生产力数据，则对比结果很可能是大部分水库的生产力都要高于天然湖泊。

表 6-3　初级生产力范围比较：（A）区域水生生态系统类型（Likens，1975）；
　　　　（B）Wetzel（1983）和 Brylinsky（1980）列出的湖泊；（C）表 6-2 中列出的水库

水生生态系统	mg C/（m^2 · d）[a]	参　考　文　献
（A）热带湖泊	100～7600	Likens（1975）
温带湖泊	5～3600	
极地湖泊	1～170	
南极洲湖泊	1～35	
高山湖泊	1～450	
温带河流	1～3000	
热带河流	1-?	
（B）102 个自然湖泊	3～5529[b]	Wetzel（1983），Brylinsky（1980），本文
（C）表 6-2 中的 64 个水库	67～3975	

[a]估计生长季节的平均值。

[b]转化系数：40 kJ/g 碳，245 个生长季节 d/year。

有些生态系统由于缺少扰动力量而保持稳定状态；然而，如果系统缺乏自我恢复的能力，扰动可能导致生态系统水平的重大变化。水库具有动态性、不均匀性，自然气象、水文情势变化和水库运行将导致水库频繁发生扰动。而水库浮游植物生产量的年际变化相对较低，表明水库生态系统具有自我恢复能力或动态稳定性（Barnes and Mann，1980；Webster et al.，1985），因此，水库受到扰动后往往能恢复到原来的状态。许多水库生态系统所表现出的固有弹性是由相对较高的外部营养和相对较短的水滞留时间引起的。

表 6-4　天然湖泊和水库年浮游植物生产力的变化至少有 4 年的数据。
浮游植物的生产力表示为年总产量或一年或生长季平均日产量，
相对变化表示为变异系数（CV = SD / X）

水生系统和数据源	测　量　时　间	浮游植物生产率（X±SD）（以计）		CV（%）
		g/(m² · yr)	mg/(m² · d)	
天然湖泊				
劳伦斯湖，美国密歇根州[a]	1968—1974 年（7 年）	41.1±5.4	112.6±12.6	13.2
卡斯尔湖，美国加利福尼亚州[b]	1960 年，1963 年，1967—1971 年，1973 年（8 年）	43.6±15.2		34.9
米湖，南盆地，冰岛[c]	1971—1976 年（6 年）	117.8±13.8		11.7
艾斯罗姆湖，丹麦[d]	1955—1957 年，1961—1972 年（14 年）	237.6±50.9		21.2
维克滕湖，荷兰[e]	1969 年，1970 年，1972—1974 年，1977—1980 年（9 年）		280.0±80.0	35.3
基尼烈湖，以色列[f]	1969—1972 年（4 年）		1423.5±423.5 天然湖泊 SD= 23.7±10	25.7
水库				
库卡努萨，美国蒙大拿州[g]	1917—1975 年（4 年）		84±417	23
梅尔柯林斯，美国加利福尼亚州[h]	1965—1968 年（4 年）		106±06	38
雷宾斯克，苏联[i]	1955 年，1958—1961 年，1964—1972 年（13 年）		380±80	48
斯拉皮，捷克斯洛伐克[j]	1962—1967 年（6 年）		501±012	21
帕庞德，美国南卡罗来纳州[k]	1967—1973 年（5 年）		647±477	21

[a]wetzel（1983），[b]C. R. Goldman（unpublished data），[c]Jonasson and Adalsteinsson（1979），[d]Jonasson（1977），[e]Kloet（1982），[f]Berman and Pollingher（1974），[g]Woods（1981），[h]Chamberlain（1972），[i]Romanenko（1978），[j]Javornicky and Komarkova（1973），[k]Tilly（1975）.

6.2　水库梯度对浮游植物生产量的影响

河道形态、流速、水温、底物类型和生物群落等的纵向梯度是激流生态系统（江、河）的主要特征（如：Hynes，1970，1975；Cummins，1974，1979；Vannote et al.，1980；Minshall et al.，1983）。光、温度、溶解物质以及生产和分解过程的垂向梯度是静水生态系统（如湖泊）的主要特征（如：Hutchinson，1957；Wetzel，1983）。而由于其河湖混合性质，水库中控制浮游植物生产量的非生物因素具有水平和垂向梯度双重特征。

6.2.1　纵向梯度

水库在流域形态、流速、水体滞留时间、悬浮固体浓度、光照和营养利用率等方面的纵向梯度，导致库区浮游植物的生产力和生物量表现出明显的空间异质性。通常，沿着水库的纵轴可以划分成 3 个区域，如图 6-1、图 6-2 所示。

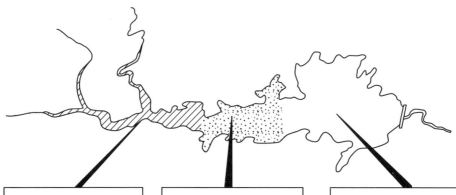

河流区
- 细长形，渠道形盆地
- 流量较大
- 悬浮固体高，透光性低，透光层(Z_p)<混合层(Z_m)
- 营养物质通过平流输入，相对较高
- 初级生产力受到光的限制
- 营养损失主要由沉降造成
- 有机物主要来外来，$P<R$
- 富营养化

过渡区
- 更宽阔、更深的盆地
- 流量较小
- 悬浮固体降低，透光性增加
- 通过平流输入的营养物质减少
- 初级生产力相对变高
- 营养损失由沉降和捕食造成
- 有机物来自内部与外部
- 中等营养化

湖泊区
- 宽、深、湖泊形盆地
- 流量小
- 悬浮固体少，透光性高，透光层(Z_p)>混合层(Z_m)
- 营养物质通过内部循环供应，相对较低
- 初级生产力受到营养物质的限制
- 营养损失主要由捕食造成
- 有机物主要来自内源，$P>R$
- 贫营养化

图 6-1　环境因子中的纵向分带控制了理想化水库中浮游植物生产量，藻类生产力和其他水体产物，有机物供应和营养状态的光和养分可用性

（修改自 Kimmel and Groeger，1984）

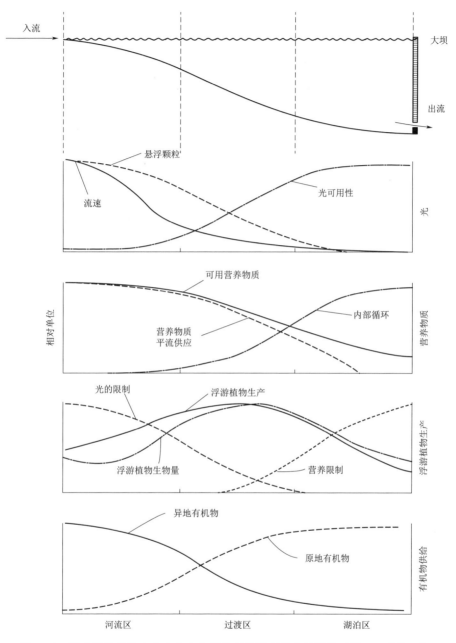

图 6-2 影响浮游植物生产力和生物量的环境因素梯度的横截面图，以及沿理想
水库纵轴的异地和原地有机物质的相对重要性

（1）库区上游河流区属于激流环境。它的特点是相对于下游库区部分，该
区域水体流速较快，水体滞留时间较短，同时可用养分、悬浮固体、水体消光

水平越高。非生物浊度往往会阻碍光的穿透，从而限制光层厚度。虽然河流透光区单位体积浮游植物生物量和生产率比较高，但由于混合层（Z_m）通常比透光层（Z_p）厚，因此，区域初级生产力经常受到光的限制。

（2）过渡区的特点是随着水面宽度的增加和流速降低，浮游植物的生产力和生物量提高，同时该区域内水体滞留时间增加，泥沙颗粒物沉降，水体透光性增加。过渡区通常出现在河流的汇入点。此外，由于光和营养物质都可用于藻类光合作用，所以过渡区可能是水库中最肥沃的地区。

（3）湖泊区出现在库区较下游靠近大坝的区域，此区域水体滞留时间较长，溶解营养物质和悬浮非生物颗粒浓度较低，水透明度较高，透光层较深。在生长季内的大部分时期，由于营养限制，透光层单位体积浮游植物生产力会降低，并养分供给主要通过原位营养循环而不是平流养分输入。

由于平流养分供应量随着与支流汇入点距离的增加而减少，因此库区混合层的相对肥力通常会下降，浮游植物生产也更依赖于原位营养再生（见图 6-1、图 6-2）。"营养状态"（表现在透明度、磷供应量、叶绿素含量、浮游植物生产力、溶解氧的消耗量或基于这些参数的指数上）通常沿着河流区-过渡区-湖泊区的梯度由营养丰富的状态向营养贫瘠的状态转变（如：Soltero and Wright，1975；McCullough，1978；Hannan et al.，1981；Placke，1983；Thornton et al.，1982；Kimmel and Groeger，1984）。

水库河流区、过渡区和湖泊区并不是连续不变的实体，而是由许多重叠梯度的综合作用导致的，如图 6-2 所示。而且重要的是要认识到这些区域通常是动态的，并且随流域径流变化、水流密度特性改变和水库调度而相应地扩张和收缩。事实上，水库流入和流出的动态特性解释了为什么每个水库具有不同的特征表现。

在特定的蓄水范围，以流域、入流特征和冲刷速率为判断依据，并不一定能够准确地划分出上述三个区域，如图 6-3 所示。例如在冲刷速率较快、汇入水体浑浊的蓄水河流中，河流区的特征条件可能在水库的大部分范围都持续存在（如塔特尔溪水库，堪萨斯州：Marzolf and Osborne，1971；Marzolf，1981；Marzolf，本书第 7 章。红岩水库，艾奥瓦州，Soballe，1981，Soballe and Bachman，1984；Kennedy et al.，1981；Thornton，本书第 3 章）。相反，位于相对不易受冲刷的营养贫瘠流域，水体滞留时间比较长的支流水库，只能从支流获得很少的悬浮沉积物和营养物质，浮游植物生产力的光照限制可能并不常见，而河流区和过渡区都可看作是流域内水库上游的一小部分（如德格雷水库，阿肯色州：Thornton et al.，1981。诺里斯水库，田纳西州：Kimmel et al.，unpublished data）。

从生态学的观点看，水库中重要的物理化学条件下的纵向梯度导致了相应的水库浮游植物的生物-生理梯度。例如，诺曼底水库，位于田纳西州中南部达克河上游，夏季其湖泊区的混合层由于与河流养分输入和营养相对丰富的深水层隔离，因此浮游植物群落在夏末会表现出明显的氮限制（Groeger and Kimmel，1988）。在整个水库范围内，水体透明度、热分层强度和混合层养分浓度均表现出明显的纵向梯度，并且与浮游植物生产力、藻类资源量以及藻类氮缺乏生理症状（如脂质合成速率，氨在黑暗中增强氮的吸收，富营养化对光合碳分配模式的影响）的梯度相平行。

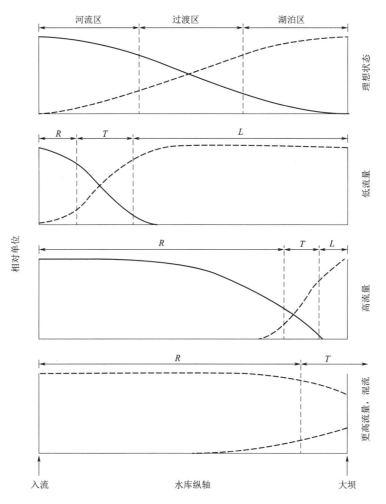

图 6-3　库区内环境条件纵向分带的变化。实线和虚线分别代表河流和湖泊条件的
普遍性。纵向分带在空间和时间上是动态的，并且随流域径流、流入特征、
密度-流动特性、水库运行而波动

　　尽管在物理、化学和生物因素方面的纵向分区是水库生态系统的一个显著特征，但并不是水库独有的特征。从狭长的天然湖泊（如：Gascon and Leggett，1977；Peters，1979；Carmack et al.，1979）到河流河口（Stross and Stottlemeyer，1965）均可以看到类似的纵向模式。光和养分有效性梯度的纵向叠加以及相应的浮游植物生产力分区均可以被证明是半流动系统的一般特征，该系统可汇入相对浑浊的富营养流（Kimmel and Groeger，1984）。

6.2.2　横向空间异质性的其他来源

水库流域的树枝状特征、不同水质的支流以及具有与相邻主河道区独特湖泊特点的库湾区，导致了生产力的横向变化，从而进一步加剧了水库生态系统的空间异质性。由于在水库水位上升期间，库湾区水体变化相对孤立（见第 2 章），因此与激流生态系统中的回水区相似，库湾区可以有效避免自然或人为引起的与主流流动有关的扰动。

相对于开放水域而言，库湾区是供垂钓鱼类和饲养鱼类比较重要的食物来源和育苗区域，尤其是生长季节初期，冲刷剧烈的蓄水区内，库湾和主河道的差异达到最大化（Van Winkle et al.，1981）。此时，如果库湾区存在大型植物，则库湾与主河道的初级和次级生产力的差异可能会进一步增加。在所有类型的食物链中，大型植物均可作为食物和生物栖息地的集中点；因此，库湾中，大型植物作为一个相对独立的区域，是产生初级生产力和次级生产力的高度集中区，为生物提供高质量的栖息地，同时也是营养（捕食者-猎物）相互作用强烈区域。令人惊讶的是，目前很少有研究涉及库湾对水库生产力的影响。

6.2.3　垂向梯度

光合有效辐射（约 400～700nm）随水体深度增加呈指数下降趋势，其下降速率取决于光吸收程度、溶解物和悬浮物在水体中的散射率。不管营养可利用情况如何，光合自养生产只发生在光层之中，同时这部分水体中可以提供足够的光能来支持藻类的光合作用大于呼吸作用（$P > R$）。通常认为补偿深度（Z_c，其中 $P = R$）是指光强约为入射光 1% 时的深度，同时补偿深度限定了透光区的下边界（即 $Z_c = Z_p$）。与其他浮游生物的生存环境一样，水库中可能存在的水体分层、光照和养分的垂向分布等现象，均可对生产者和消费群体的生理状态、生产力强弱、种群大小结构和成分产生重要影响（如：Sheldon and Parsons，1967；Sheldon et al.，1972，1977；Kerr，1974；Harris，1978，1980b；Reynolds，1984）。

在高度透明的水库中，光层的深度（Z_p）可能会超过混合层的深度（Z_m），浮游植物的生产活动可能发生在表水层以及变温层和均温层的透光部分［见图 6-4（a）］。通常，盛夏期间，混合层养分枯竭，均温层浮游植物的生物量和生产力达到峰值。在分层型水库中，混合层活细胞沉降，细胞对深水层低光照-高营养环境的逐渐适应，以及水库表层浮游植物向水库深层的垂向运输等因素，均可能造成深水层叶绿素浓度的显著增加。海洋（如：Steele，1964；Lorenzen，1967；Anderson，1969；Kiefer et al.，1976）和天然湖泊中（如：Findenegg，1964；Goldman，1968；Schindler and Holmgren，1971；Kiefer et al.，1972；Fee，1976；Brooks and Torke，1977；Richerson et al.，1978），深水层叶绿素浓度暴升高的现象已经得到了广泛的关注和研究。尽管在人工水库中，此现象尚未引起关注，但是在透明、浅层构造的水库中，深水层叶绿素浓度显著增加的现象并不少见（如：Elser and Kimmel，1985a；Kimmel and Groeger，1987；Groeger and Kimmel，1988；Knowlton and Jones，1989）。

如果光层深度等于混合层深度（$Z_p = Z_m$），则浮游植物可以通过垂向的光梯度循环，从近表层光抑制区到 Z_p 处的光补偿区［此区域内，光合作用＝呼吸作用，见图 6-4（b）］。通常认为，混合层浮游植物能够适应平均光照强度（Jewson and Wood，1975）；然而，浮游植物的光化学机制允许其快速地转换光适应状态，从而保证即使在变化较大的光场中，浮游植物也能实现其光合效率的最大化（Vincent 1979，1980a；Elser and Kimmel，1985a）。Marra（1978）和 Gallegos 等人（1980）认为，这表明可变光环境可以通过避免光抑制来提高浮游植物的生产力。

在浑浊，混合良好的水库中，Z_m 通常会超过 Z_p，浮游藻类不仅暴露在快速波动的光场中，而且间歇性地暴露在无光的条件下［见图 6-4（c）］。由于在无光区浮游植物的 $P < R$，整体初级生产力必须在一定程度上限制在 $Z_p < Z_m$ 的区域。光的限制程度将取决于细胞在深度大于 Z_p 处的相对时间以及再循环到光区的频率。在深层混合富营养水库中（特克索马湖，得克萨斯州与俄克拉何马州交界处），浮游植物生产力、生物量和光化学能力垂直分布的对比分析表明，尽管单位面积上，浮游植物生产力受到光限制，但浮游植物群落的生理状态并没有因为藻细胞间歇进入无光区而受损（Kimmel and White，1979）。

光层-混合层的关系对于了解浮游植物生产力和单个水库内的生物量的分布和大小也很重要。上文和图 6-4 所示的所有三种模式都可能发生在一个单一的水库中，由于光层深度增加，养分可利用性沿着河流-湖泊区域梯度降低。但是，由于光层深度随着水体透明度的提高而增加，沿储层纵轴的面初级生产力（mg/cm^2）可能保持相对恒定。因此，在一个理想水库的下游，人们可以发现：(1) 混合层的光限制生产力和混合良好的河流带中藻类生物量的均匀垂直分布 ［$Z_p < Z_m$，见图 6-4（c）］；(2) 混合层中的体积和面积生产力，过渡区藻类生物量的垂直分布不均匀 ［$Z_p = Z_m$，见图 6-4（b）］；(3) 混合层的养分限制生产力和湖泊区变温层的藻类生产力和生物量峰值 ［$Z_p > Z_m$，见图 6-4（a）］。

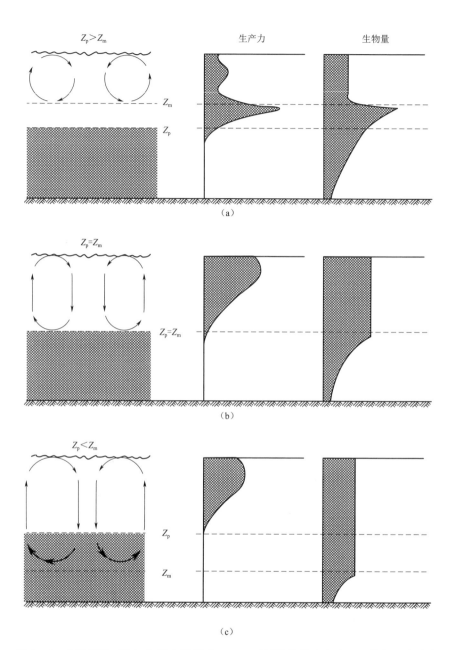

图 6-4　光层深度（Z_p）和混合层深度（Z_m）对浮游植物生产力和生物量垂直分布
的影响。这种垂直模式有助于解释单个水库之间，各个水库之间以及各种
类型之间浮游植物生产力和生物量之间的差异

6.3　浮游植物的光抑制

当浮游植物所生活环境的光照强度发生快速波动时，浮游植物的反应时间，从几秒（如光状态转换）到几分钟（如叶绿体收缩）到数天（如细胞倍增时间）不等（Harris，1978；1980a；Vincent，1979，1980a；Walsh and Legendre，1983；Falkowski，1984；Elser and Kimmel，1985a）。浮游植物生态学家在原位生产力测量中普遍观察到，在固定深度条件下，近地表样品的光合速率较低，处于受抑制状态（Goldman et al.，1963；Stadlemann et al.，1974；Ganf，1975；Smith et al.，1980；Platt et al.，1980）。浮游植物生产力的光抑制程度（即对光合作用的抑制作用）依赖于光辐射的强度、持续时间和质量，以及藻类的光照周期（Harris，1978；Smith et al.，1980）。然而，在均匀混合的表层，浮游植物细胞是随垂向水流沿光梯度循环运动的而不是保持在固定的光强度下。因此，利用静态瓶培养方法在固定深度中观察到的光抑制现象，是将藻类细胞暴露在高强度光照下的结果，其光照时间（即小时与分钟）通常高于实际的表面混合层（Harris and Piccinin，1977；Gallegos et al.，1978；Harris，1978，1980a，1980b；Marra，1978a，1978b；Gallegos and Platt，1982）。

Elser 和 Kimmel（1985b）利用浮游植物体内荧光（IVF）叶绿素探针传感器推算的叶绿素浓度评估了美国东南地区的几个水库中浮游植物光合作用过程中光抑制的发生情况，同时测量 IVF 和 ^{14}C 吸收情况来表征浮游植物对光强实验的反应。结果表明，在高入射光和弱垂向混合情况下，浮游植物的光抑制作用发生在近地表水体中，值得注意的是此结果不是依靠静态瓶技术得到的。此实验结果说明：①光抑制的严重程度和光抑制的恢复程度取决于暴露在高辐照环境下的持续时间；②对强光的光化学响应表现在时间尺度上，因此，除非在非常平静的条件下或在非常浅的混合层中，否则应该允许垂向混合，来尽量减少浮游植物细胞暴露于强光的时间以减少原位光抑制的发生。因此，尽管这些结果表明近地表浮游植物光合作用的光抑制确实发生了，但同时也证明了实际光抑制的浮游植物生产力比固定深度实验所测量的少。

6.4　异养型水库浮游生物

在土壤易受侵蚀的地区（如美国中西部），许多水库中由于水体中悬浮有高浓度的淤泥和沙石导致水体浑浊，这限制了光可用性，进而影响浮游植物的光合作用（Ellis，1936；Marzolf，1984）。可以想象的是，在浑浊的水塘和其他"光学深度"系统中（即 $Z_m \gg Z_p$，Talling，1971），可溶性有机化合物的异养同化作用可以显著地促进光饥饿型浮游藻类的碳平衡。

在海洋和湖泊环境中进行的各种关于浮游植物的实验表明，藻类对有机底物具有同化能力（Parsons and Strickland，1962；Wright and Hobbie，1966；Allen，1969，1971；McKinley and Wetzel，1979；Vincent and Goldman，1980；Vincent，1980b）。由于混浊水塘中的浮游植物细胞有相当长的时间生活在无光环境下，因此，相比于光合自养生物，能够获得异质营养的藻类可能更具竞争优势。

White（1981）以及 Ellis 和 Stanford（1982）以俄克拉荷马州与得克萨斯州交界处的克索马湖为例调查了浑浊水体中藻类异养的发生及其生态意义，比较了藻类细胞的自养、光异养和化学异养活动，利用显微放射自显影术揭示了藻类的异养主要发生在不寻常的藻类中，它们并不是特别活跃的自养生物。White（1981）指出，虽然有些海藻吸收了有机底物但是无论是光异养还是化学异养都不是特克索马湖浮游植物主要的碳来源，浮游植物的异养碳吸收相对于光合自养是可以忽略的。Ellis 和 Stanford（1982）在对水体浑浊的特克索马湖和蒙大拿州水体清澈、营养贫瘠的弗拉特黑德湖的浮游植物研究中也得到了相似的结论。

在克索马湖，藻类的异养有助于浮游植物物种的延续，但不能如自养活动一样作为浮游植物生存的主要竞争手段，帮助物种成为优势种。这些结果一方面支持了 Harris（1978）的论点，即藻类异质营养的首要重要性在于，通过细胞碳平衡的微小变化，增强浮游植物细胞存活的可能性；另一方面也指出了藻类异养可能促进藻类物种多样性，从而为"浮游生物悖论"提供部分解释（Hutchinson，1961；Richerson et al.，1970）。

6.5　浑水入流和水库浮游植物的生产量

20 世纪 50 年代起，河流入流对湖泊系统的影响开始被关注（如 Hutchinson，1957），然而，目前还没有研究能明确河流携带的营养物质和悬浮微粒对浮游植物生产力的直接影响。由于大多数水库通常位于一个较大的流域内（相对于蓄水表面积和体积），因此水库的湖沼过程与季节性和阶段性的流域径流密切相关。暴雨径流引起的水中的悬浮沉积物和营养物质的运移通常导致"堵塞流"的发生，造成水库水体浊度、营养浓度、浮游植物生物量和生产力的改变，同时在发生时间上没有规律可循。

Kimmel（1981）考察了克索马湖入流浑浊情景对浮游生物生产力的影响，并得出结论，浮游植物对浑浊入流的反应分为以下四个阶段：

1. 浮游植物的光合作用最初受到高的非生物浊度的限制。
2. 浮游植物的水平和垂直位移是通过对流和与沉积淤泥、黏土的絮凝作用产生的。藻类生物量的絮凝去除只发生在含有高浓度悬浮物和黏土的水体中（见 Avnimelech et al.，1982）。

3. 浮游植物光合作用的养分刺激发生在当浊度降低到光可用性不再是最主要的限制因素时。

4. 随着营养供给的减少，浮游植物的生产力恢复到以前的水平，养分的可用性再次成为主要的限制因素。

尽管这个反应发生在时间尺度上而不是空间尺度上，但其序列与沿着水库纵轴的作用非常相似（见图 6-1）。在从易侵蚀流域接收入流的水库，暴雨径流入流事件可能造成光的可用性降低、养分增加，以及浮游生物和悬浮颗粒的快速纵向和垂直位移，进而产生重大的生态后果，导致物理化学条件和浮游生物群落结构的阶段性"重新配置"（Ellis，1936；Tilzer et al.，1976；Stanford，1978；Goldman and Kimmel，1978；Kimmel，1981）。如果浮游生物群落规模结构或季节演替模式发生显著变化，则可能会影响食物网的传递效率，从而影响整个系统的生产力。

6.6　经验模型和水库生产力

6.6.1　营养负荷模型与营养状态指数

过去 30 年里，人为富营养化湖泊和水库一直广受关注（National Academy of Sciences，1969；Likens，1972），国际上已经开展了湖泊系统的营养状况评估研究（Vollenweider and Kerekes，1980）。因此，大量的营养状态指数和营养负荷-营养反应模型被开发，并被广泛推广使用（详见：Reckbow，1979a，1979b；Kennedy and Walker，本书第 3 章）。然而，使用这些经验模型和指数进行管理活动时需要仔细考虑它们的基本假设、它们所依据的数据集的局限性以及它们预测的不确定性程度（Reckbow 1979a，1979b）。

然而在实际使用过程中，鉴于许多不可控因素，经验的营养负荷模型和营养状态指数在应用于水库时往往会产生不确切的结果（Lind，1979；Placke and Poppe，1980；Hannan et al.，1981；Higgins et al.，1981；Gloss et al.，1981；Placke，1983）：

1. 许多水库所在的地理区域在富营养化模型数据集方面表现不佳（Thornton，1984；Thornton，本书第 1 章），现阶段的大多数模型仅适用于北温带的天然湖泊（Lee et al.，1978）。

2. 磷负荷不一定是限制水库藻类生长的主要因素，正如大多数营养负荷模型所假设的那样，磷只是影响藻类丰度的众多因素之一。特别是，低光率通常会降低浑浊水库（Kimmel and Lind，1972；O'Brien，1975）和混合良好的主库区（Placke，1983）中养分负荷的影响，同时水的滞留时间也是影响藻类生长响应的一个重要因素（Soballe and Kimmel，1987）。

3. 在含有高浓度悬浮固体的水库中，总磷含量中的很大一部分可能是生物不可用的（Sonzogni et al.，1982）或迅速沉降到沉积物中（Chapra，1980；Gloss et al.，1981）。然而，这种差异可以通过调整磷沉降系数来修正（Jones and Bachmann，1978；Canfield and Bachmann，1981；Higgins et al.，1981）。

4. 由于异重流的频繁发生，在生长季节，进入水库的养分负载速率与浮游植物的实际养分供应速率几乎没有关系（Ford，本书第 2 章；Kennedy and Walker，本书第 5 章；Hannan and Cole，本书第 4 章）。

5. 与水分滞留时间较长的深湖区相比，水库的浅水区和快速冲刷区的养分滞留相对较低。Chapra（1975）和 Reckhow（1979）已经注意到，不同的机制可以控制磷的负荷-营养反应关系在溢流率 [z/τ＝平均深度（单位为 m）/水力停留时间（单位为年）] 超过 50 m/年时。

Placke（1983）对田纳西州流域管理局（TVA）管辖的主要支流和干流库区进行了营养状态评估。与 Vollenweider（1975）的资料（主要来自北温带自然湖泊）相比，TVA 管辖流域内的水库磷负载较高但同时溢出率也很高（18 个水库中有 13 个水库的 $z/\tau > 50$ m/年）（见图 6-5）。Placke 总结了造成支流和库区藻类生产力和对营养物质响应差异的主要因素（如光和营养限制、冲刷率、透光层-混合层的深度关系），指出单一营养指标不适合作为 TVA 水库整体营养状态的评价依据。

6.6.2　形态指数

形态指数 [MEI＝总溶解固体量（mg/L）/平均深度（m）] 是另一种被广泛应用于预测湖泊和水库生产力的经验关系（如 Oglesby，1982；Ryder，1982；Jenkins，1982）。它对渔业管理人员特别有用，因为它可以从湖泊形态测量数据和水化学数据中预测潜在的鱼类产量。

虽然 MEI 已经被证明可以在淡水系统（包括水库）中进行可靠的渔业生产和产量预测（Ryder 1965，1982；Jenkins，1967，1977，1982），但是其生态学机理尚不明确（Oglesby，1977，1982；Jenkins，1982；Adams et al.，1983）。MEI 被认为可以表征营养的可用性和淡水系统处理能量和物质的能力，分别由总溶解固体的浓度和平均深度、冲刷率所反映（Oglesby，1977，1982；O'Brien，本书第 8 章）。据推测，形态和化学因素，通过光、温度、水体滞留时间、混合深度和养分有效性等控制原位初级生产力，原位初级生产力为食物链提供的有机质基础决定鱼类的产量（Kerr and Martain，1970；Henderson et al. ，1973；Ryder et al. ，1974；Ryder，1982；Oglesby，1982）。

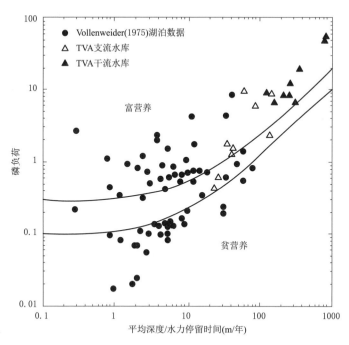

图 6-5 Vollenweider（1968，1975）磷负荷—营养状态关系应用于北温带天然湖泊
和田纳西河流域管理局（TVA）下辖的 18 个干支流水库，结果显示，湖泊型
支流水库的数值比河流型干流水库的数值更接近天然湖泊数据集
（修改自 Poppe et al. ，1980）

Adams 等人（1983）在分析了 17 个东南和中西部的水库的数据后，研究了
MEI、浮游植物生产和鱼类生产之间的联系。结果显示，正如之前报道（Ry-
der，1982；Jenkins，1982），MEI 指数和鱼类产量之间存在显著的相关性。与
在天然湖泊和池塘中的发现相似，浮游植物的生产力和鱼类的产量也有显著的
相关性（Melack，1976；Oglesby，1977；Liang et al. ，1981），这一发现支持
了浮游植物与鱼类生产之间食物链关系的假定。然而，MEI 指数与浮游植物的
产量无关，因此，该项研究中的数据不支持 MEI 作为渔业产量预测因子的推断
（即，鱼的产量与原位生产力成正比，其中原位生产力由湖泊地形和水化学成分
所决定）。

MEI 和浮游植物的生产之间缺乏简单直接的关系，这一点不足为奇。当然，
正如前面的讨论以及众多关于浮游植物生态和湖泊生产力的文献所述，湖泊和
水库中的浮游植物的生产力与形态学因素和化学因素有关。然而，作为一个系
统的描述参数（Kerr，1982），MEI 同时也反映了外来的有机质负荷和众多的内

部因素、过程和反馈机制（Ryder，1982；Oglesby，1982），这些因素对鱼类产量的整体影响，显著高于浮游植物对鱼类产量的影响。尽管 *MEI* 指数在形式上看似简单，但其和类似的综合指数代表了复杂的物理、化学和生物因素的综合影响，同时，限于我们对生态学过程和相互作用关系认识的缺乏，*MEI* 等综合指数的生态含义目前尚不明确。

6.7 梯级水库系统浮游植物的生产力

与水利和电力发展项目有关的水坝建设已将世界各地的河流转变成受管制的一系列人造蓄水设施。水库泄流对下游水温、流量、水质和生物群的影响引起了广泛的关注（Young et al.，1972；Ridley and Steel，1975；Ward，1976；Ward and Stanford，1979，1981；Petts，1984）。然而，在库区发生的生态和湖沼学的相互作用却鲜为人知。虽然天然湖泊也可以在系列中出现（如，串珠湖），但深水水库中下层滞水层中水和营养物质释放极大限度地影响了水库下游水体的物理、化学性质和生物过程（Neel，1963；Wright，1967；Stroud and Martin，1973；Martin and Arneson，1978；Elser and Kimmel，1985b）。

捷克斯洛伐克科学院水生生物实验室对伏尔塔瓦河梯级系列水库进行的湖沼学研究，是迄今为止对多水库系统进行的最全面的调研（Hrbacek and Straskraba，1966，1973a，1973b）。这些研究主要对象是 2 个大型主库区（斯拉皮水库和奥尔利克水库）以及 3 个小型再调节水库，清楚地表明了上游水库泄流对下游生态系统的重要影响和水体滞留时间的生态意义（Straskraba et al.，1973；Javornicky and Komarkova，1973；Straskraba and Javornicky，1973）。

由于水库蓄水区可以对入流水体进行有效的沉积物和营养物质沉降（Dendy et al.，1973；Heinemann et al.，1973；Gloss et al.，1980，1981）。因此，上游水库通常可以改善下游水库水质（Paulson et al.，1980；Paulson，1981；Van Den Avyle et al.，1982；Elser and Kimmel，1985a）。除了新建水库在最初时期库区土壤淹没析出养分外（Baxter，1977；Ostrofsky and Duthie，1980；Grimard and Jones，1982；Kimmel and Groeger，1985），其余时段水库的运行可以将养分沉降到库区沉积物中，进而降低了下游水生生态系统的营养负荷（Gloss et al.，1981；Paulson and Baker，1981；Daley et al.，1981）。同时，上游的水库的深层泄水也改变了下游水库水文和养分输入的季节性模式。

6.7.1 米德湖（亚利桑那州与内华达州交界处，美国）

由于科罗拉多河上的鲍威尔湖的蓄水，导致米德湖生产力发生变化，表明了上游蓄水对下游水库造成显著生态影响。1935 年胡佛水坝对米德湖蓄水之前，科罗拉多河是不受控制的。胡佛大坝稳定了水流，降低了下游水体的含沙量，但米德湖仍旧从上游的科罗拉多河流域接收到泥沙的流入。科罗拉多河贡献了米德湖 97% 的泥沙输入，每年入流的泥沙量高达 140×10^6 Mg（＝公吨）。

位于米德湖上游 450km 的格伦峡谷大坝于 1963 年建成，并由此形成了鲍威尔湖（见图 6-6）。在格伦峡谷大坝建成前，米德湖的湖沼和生产力一直受到科罗拉多河春季和初夏时期营养丰富的浑浊入流的强烈影响（Anderson and Pritchard，1951；Hoffman and Jonez，1973）。现如今，鲍威尔湖相当于悬浮沉积物和营养物质的沉积池（Evans and Paulson，1983），由科罗拉多河流入米德湖的大部分水体，首先需经过鲍威尔湖沉淀再由格伦峡谷大坝泄流到下游米德湖，因此与格伦峡谷大坝建成前相比，现在米德湖水体的温度较低，水质清澈，营养物质含量低（Paulson and Baker，1981；Prentki and Paulson，1983）。鲍威尔湖拦截了曾经流入米德湖的 70% 的溶解磷和 96% 总磷（Gloss et al.，1980，1981）。输入到米德湖表层的营养物质显著减少，因此浮游植物生产现在更多地依赖于内部的养分循环而不是养分平流输入，并且米德湖的生产力自 1963 年以来显著下降。

虽然米德湖上层水体的生产效率较低，磷含量也较少，但下层水体却展现出较强的生产力和氮限制状态。自 1963 年以来，从拉斯维加斯市排入水库下游的含磷废水量一直在稳步增加（具体地说，主要排放到拉斯维加斯湾和博尔德盆地，详见 Paulson and Baker，1981 或 Prentki and Paulson，1983）。米德湖的形态学和水动力学是这样的，这些额外的磷负荷主要被限制在下层水体，因此下层水体浮游植物生产力提高，硝酸盐可用性降低，并导致了氮限制状态的发展（Paulson，1981）。这种不寻常的情况，与典型的水库浮游植物生产力的纵向模式形成了鲜明的对比，这是自 1963 年以来，对米德湖的"极性"转变的结果（由于鲍威尔湖的沉降作用，米德湖上层水体营养负荷下降，由于城市污水的排入，导致米德湖下层水体营养负荷上升）。

历史上，米德湖一直是一个大型大嘴鲈鱼渔场（Hoffman and Jonez，1973）。然而，鲈鱼的总捕捞量正逐年下降，已经从 1963 年的约 80 万条减少到 1979 年的 105000 条（见图 6-6）。造成捕捞量下降的原因至今尚不明确。然而，渔业产量的下降毫无疑问与鲍威尔湖形成后米德湖的生物生产力的整体下降有关。

6.7.2 库特内湖（不列颠哥伦比亚，加拿大）

在一项为期 3 年的多学科联合研究中，以加拿大不列颠哥伦比亚的库特内湖作为研究对象，得出了与上文类似结论，主要涉及蓄水对下游湖泊系统生物生产力的影响（Daley et al.，1981）。库特内湖，一个山间峡湾型的自然湖泊，每年从库特内河、邓肯河和拉尔多河中获得约 75% 的入流。而邓肯河（邓肯大坝于 1967 年竣工）和库特内河（利比大坝于 1973 年竣工）上修建的水坝改变了

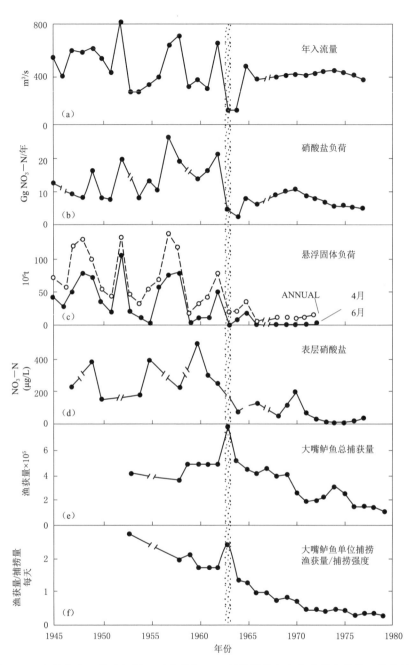

图 6-6　上游蓄水（鲍威尔湖）对米德湖（亚利桑那州和内华达州交界处）的湖泊和
生态的影响。阴影条表示格伦峡谷大坝的完工日期和鲍威尔湖的蓄水
（修改自 Paulson and Baker，1981 年；Prentki and Paulson，1983）

库特内湖入流的自然模式，从而对湖泊的生产力产生了影响。

大坝的主要影响是减少库特内湖浮游植物的营养供给，原因主要有以下几点：（1）部分营养物质被水库截留；（2）水库下游河边附着生物吸收部分营养物质；（3）从春夏到冬季，营养载荷的变化（见图 6-7）。据 Daley 等（1981）估计，库特内湖 25%～50% 的生物生产力下降是由于上游水库蓄水的造成的，同时，文章预测浮游植物和浮游动物的数量最终会下降到水库建成前的一半。

米德湖和库特内湖生产力的下降已经引起了当地政府对其未来游钓渔业的担忧。因此，不同于多年来努力提高水质减少水体养分负荷的做法，目前当地政府正在考虑通过增加湖泊系统浮游植物养分供应的方法来提高渔业产量。在这方面，与天然湖泊相比，水库有更多的可供生产力管理的选择（如表水下泄、深层水下泄和选择性取水）。Paulson 认为，如果将米德湖渔场的生产力恢复作为优先考虑对象，那么在污水排入米德湖之前进行的昂贵的三级污水处理是不合理的。最近，Paulson 等人（未发表的数据）证明了通过增加施肥量来提高米德湖的营养供应量对于改善水库的渔业的重要性，这种大规模的施肥能够导致水库支流的渔业产量显著提高。

众多学者都强调了水库出水口深度对调节水库养分平衡的重要性（Neel，1963；Wright，1967；Stroud and Martin，1973；Soltero and Wright，1975；Baxter，1977；Paulson and Baker，1981；Priscu et al.，1982）。Wright（1967）认为，在生长季节，底层取水的水库由于释放寒冷、营养丰富的水，有利于水库的热量储存和养分耗散，而表层取水的水库和天然湖泊由于下泄水温较高、养分贫瘠，不利于热量存储和养分耗散。Martin 和 Arneson's（1978）对比了深层泄水水库和表层泄水湖泊的热量和营养分布情况，研究结果支持了 Wright（1967）的假设，但不同泄流机制对湖区（或库区）的生物学影响尚难以确定。Paulson（1981）建立了米德湖的营养滞留-损失模型，以说明相比于深层取水，胡佛水坝的表层取水更易于通过减少水库的 NO_3—N 损失来提高水库的生产力（见图 6-8）。Wright（1967）认为，在生长季节深层取水梯级水库中，上游水库深层泄水有助于增加下游水库浮游植物生长的养分供应量。水库间养分转移的影响应该反映在水库内部和系列水库之间浮游植物生长所需养分的空间分布情况上。

Elser 和 Kimmel（1985b）研究了氮（N）元素和磷（P）元素在浮游植物生产活动中的有效性，以及在田纳西州东部三个底层泄水水库（诺里斯水库，梅尔顿山水库和沃茨巴水库）中探究了水库内部元素转移的重要性。溶解养分分析实验和富集实验的结果表明，磷是水库中浮游植物生长的主要限制养分。由叶绿素特异性碱性磷酸酶活性（APA）反映的浮游植物磷缺乏现象在 8 月下旬达到高峰，然后在秋季和冬季下降。在生长季节后期，每个水库下游的 APA 水

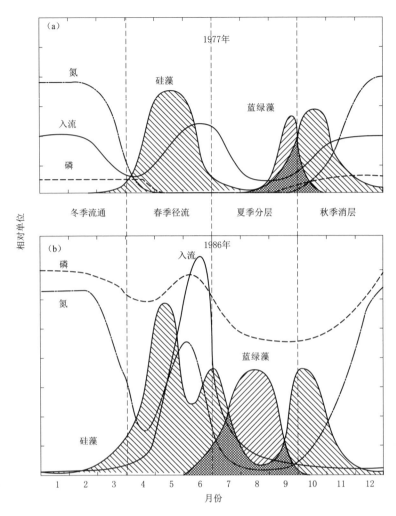

图 6-7　英属哥伦比亚省库特内湖流量、养分浓度和浮游植物生物量的季节性模式的示
意图：(a) 1977 年，在湖泊的两条主要支流建造水坝后；(b) 1966 年，
在建造水坝之前（修改自 Daley et al.，1981）

平均有所增加，这反映出从水库上游地区到水库下游地区 P 的可用性降低，但
从上游水库到下游水库，APA 水平下降，由此表明，梯级水库中下游水库 P 的
可用性增加。

　　在诺里斯水库-梅尔顿山水库-沃茨巴水库梯级中，来自上游水库的水和营
养物质的深层释放增加了生长季节的养分利用率（Elser and Kimmel，1985b），
从而提高了下游水库中浮游植物的产量。Kimmel 等人（1988）通过对美国卡罗
来纳州、佐治亚州南部萨凡纳河上三座梯级水库哈特韦尔水库- R. B. 拉塞尔水

库-克拉克斯希尔水库的观测发现，养分可用性和浮游植物生产力在水库内部和水库之间具有相似的变化模式。

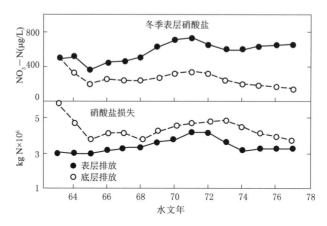

图 6-8　假设密德湖（亚利桑那-内华达）表层硝酸盐浓度和胡佛大坝在表层和底层条件下排放的 NO_3—N 损失存在差异（修改自 Paulson，1981）

在上游没有蓄水的情况下，水库的养分输入变化通常是季节性的，并主要与冬季和春季的高降水或融雪有关（Daley et al.，1981，Ward and Stanford，1983）。然而，生长季节，由于未达到最适宜的生长条件（低光、低水温、高浊度）以及最大流入时的高冲刷率等多种因素，可能导致输入的养分不能有效地被水库浮游植物所利用。尽管水库建成后，下游的总养分流量有所减少，但在库区中储蓄的春季径流，以及随后由于水力发电而逐渐排放的水和营养物质，可能会延长生长季下游养分的运输时长。Elser 和 Kimmel（1985b）认为这种养分向下游水库供应时间的再分配，会有助于下游水库的入流养分更有效地转化为浮游植物的产量。

这一假设中假定，在生长季节期间从上游水库底层泄水方式下泄的营养物质，大部分都进入到下游水库的表水层透光区（类似机制同样被文献所描述 Carmack and Gray，1982、Fischer and Smith，1983）而不是局限于不透光区（如米德湖）。尽管下层滞水层泄水会加重异重流，并且对于热分层水库营养生成层的养分供应，一般显著低于河流向水库的养分供给（Paulson and Baker，1981）。为明确水库底层水下泄对梯级水库库区生物生产力的影响，需清楚底层下泄的营养物质进入或分离出下游水库透水层的程度。

一系列大型、多用途水库（如位于哥伦比亚、科罗拉多、密苏里、阿肯色和田纳西河的河流）在流域范围内联合运行，以提供防洪、发电、供水和航运功能。这些结果表明，在生长季节深层取水会影响梯级水库中浮游植物的养分供应，这与 Wright（1967）的深层取水水库养分耗散的假说一致。上述研究也清楚地表明，梯级水库的生产力和生态研究必须在流域级水库调度引起的湖沼学动力变化基础上开展观测。

鉴于影响养分有效性和水库浮游植物生产力的因素众多（流域尺度、水库几何形状、水动力条件、中间养分来源和除养分外的其他限制因素的差异），因此库区水体内部物质迁移的重要性很难具体评估。然而，鉴于梯级水库调度对于渔业生产和水质管理的潜在价值，因此进一步明确水库内部养分迁移对生物生产力的影响是很有必要的。

6.8　结论

从这一章开始，我们提出将水库作为"河流-湖泊混合系统"的概念性观点，这有助于解释水库系统内部和水库之间的空间异质性和湖沼学差异。Kerr（1982）认为除非在"外部"（整体的）层面上有相关的观察和理论，否则"内部"（简化的）的生态系统分析方法是不可能成功的。与 Kerr 的"外部"分析一样，河流-湖泊混合系统的类比分析是整体的，并且要明确系统内的具体生态过程和相互关系，需要更详细的内部分析和进一步的调查。显然，我们需要整合"外部"和"内部"的分析来提高我们对水库作为生态系统的认识。

水库流域范围内的人工蓄水以及其半河流性质，使得水库成为典型的非均质系统。水库的空间和时间的变化使其难以分类，这也给生态学家和湖沼学家带来了机遇和挑战。水库内部以及不同水库之间环境条件的多样性为解决各种各样的研究问题提供了难得的机会。例如，水库的浮游生物群落为研究生物对环境扰动和生态系统恢复的生态反应提供了机会。在许多水库中存在的物理和化学特征的纵向梯度，为研究同一系统内不同环境下（例如，河流和湖泊条件下）的生态学特征、食物网和营养循环提供了机会。此外，由于水库可以人为控制运行，因此为计划和"机会主义"试验创造了机会。总之，充分利用水库的独特特征（如水库的河湖两相性，深层水下泄，水位和库容波动），制定合理有效的实验方案，有助于拓展我们对激流和静流生态系统结构和功能的认识。

6.9　致谢

众多专家学者对本章的内容做出了直接或间接的贡献。在此，我们郑重感谢为本章内容作出贡献的其他学者，感谢 H. H. Hannan、R. H. Kennedy 和 K. W. Thornton 在本章讨论过程中提出的批评性意见和重要建议。我们同时感谢 C. C. Coutant、C. W. Gehrs、A. W. Groeger、D. M. Soballe、J. A. Solomon

和 W. Van Winkle 为文稿校订做出了重要贡献。

本文所讨论的部分研究是由以下单位赞助，美国水资源技术局、美国国内资源部、美国俄克拉何马（B. L. K.）、得克萨斯州（O. T. L.）和内华达州（L. J. P.）的水资源研究机构、美国环境保护署、美国垦务局（L. J. P.）、美国环保署、美国俄克拉何马州大学环境实验室、美国陆军航道实验站、美国环境与健康研究室、美国能源部（B. L. K.）。

由马丁-马里塔能源系统公司运营的橡树岭国家实验室与美国能源部签订的合同号为 No. DE－AC05－840R21400。出版号 No. 3185。橡树岭国家实验室环境科学部。

参考文献

Abernathy, A. R. and H. R. Bungay. 1972. Water quality predications based on limnology parameters. Water Resources Research Institute, Report No. PB 22004, Clemson University, Clemson. SC.

Ackermann, W. C., G. F. White, and E. B. Worthington, eds. 1973. Man－made lakes: Their problems and environmental effects. Geophys. Monogr. 17, Am. Geophys. Union, Washington, DC, 847 pp.

Adamds, S. M., B. L. Kimmel, and G. R. Ploskey. 1983. Organic matter sources for reservoir fish production: A trophic－dynamics analysis. Can. J. Fish. Aq. Sci. 40: 1480－1495.

Allen, H. L. 1969. Chemo－organotrophi utilization of dissolved organic compounds by planktonic algae and bacteria in a pond. Int. Rev. Ges. Hydrobiol. 54: 1－33.

Allen, H. L. 1971. Dissolved organic carbon utilization in size－fractionated algal and bacterial communiti Int. Rev. Ges. Hydrobiol. 56: 731－749.

Anderson, J. L. and G. L. Hergenrader. 1973. Comparative preliminary productivity of two flood oontrol reservoirs in the Salt Valley watershed of eastern Nebraska. Trans. Nebr. Acad. Sci. 2: 134－143.

Anderson, E. R. and D. W. Pritchard. 1951. Physical limnology of Lake Mead. Rept. No. 258, U. S. Navy Electronics Laboratory, San Diego, CA. 153 pp.

Anderson, G. C. 1969. Subsurface chlorophyll maximum in the Northeast Pacific Ocean. Limnol. Oceanogr. 14: 386－391.

Avnimelech, Y., B. W. Troeger, and L. W. Reed. 1982. Mutual flocculation of algae and clay: Evidence and implications. Sci. 216: 63－65.

Bacon, E. J. 1973. Primary productivity, water quality, and bottom fauna in Doe Valley Lake, Meade County, Kentucky. Ph. D. dissertation, University of Louisville, Louisville, KY. 183 pp.

Baker, J. R. and L. J. Paulson. 1983. The effects of limited food availability on the striped bass fishery in Lake Mead. Pages 551－561 in V. D. Adamsand V. A. LaMarra, eds. Aquatic resources management of the Colorado River ecosystem. Ann Arbor Science, Ann Arbor，MI. 697pp.

Barko，J. W. 1981. The influence of selected environmental factors on submersed macrophytes – a summary. Pages 1378 – 1382 in H. G. Stefan, ed. Proc. symposium on surface water impoundments. American Society Civil Engineers, New York, NY. 1682 pp.

Barnes，R. K. and K. H. Mann. 1980. Prologue. Pages 1 – 3 in R. K. Barnes and K. H. Mann, eds. Fundamentals of aquatic ecosystems. Blackwell Sci. , London, England.

Bartell，S. M. , A. L. Brenkert, R. V. O'Neill, and R. H. Gardner. 1988. Temporal variation in regulation of production in a pelagic food web model. Pages 101 – 118 in S. R. Carpenter, ed. Complex interactions in lake communities. Springer – Verlag, New York, NY.

Baxter，R. M. 1977. Environmental effects of dams and impoundments. Annu. Rev. Ecol. Syst. 8：255 – 283.

Beattie，M. , H. J. Bromley, M. Chambers, C. Goldspink, J. Vijverberg, N. P. van Zalingen, and H. L. Goltennan. 1972. Limnological studies on Tjeukemeer – a typical Dutch "older reservoir. " Pages 421 – 446 in Z. Kajak and A. Hillbricht – Ilkowska, eds Productivity problems of freshwaters. PWN Polish Sci. Publ. , Warsaw, Poland.

Benson，N. G. 1982. Some observations on the ecology and fish management of reservoirs in the United States. Can. J. Water Resours. 7：2 – 25.

Bennan，T. and U. Pollingher. 1974. Annual and seasonal variations of phytoplankton, chlorophyll and primary production in Lake Kinneret. Limnol. Oceanogr. 19：266 – 276.

Brook，A. J. and W. B. Woodward. 1956. Some observations on the effects of water inflow and outflow on the plankton of small lakes. J. An. Ecol. 25：22 – 35.

Brook，A. J. and J. Rzoska. 1954. The influence of the Gebel Aulia Dam on the development of Nile plankton. J. Anim. Ecol. 23：101 – 115.

Brooks，A. S. and B. G. Torke. 1997. Vertical and seasonal distribution of chlorophyll a in Lake Michigan. J. Fish. Res. Board. Can. 34：2280 – 2287.

Brylinsky，M. 1980. Estimating the productivity of lakes and reservoirs. Pages 411 – 453 in E. D. LeCren and R. H. Lowe – McConnell, eds. The functioning of freshwater ecosystems. Cambridge Univ. Pres, London, England. 588 pp.

Brylinsky，M. and K. H. Mann. 1973. An analysis of factors governing productivity in lakes and reservoirs. Limnol. Oceanogr. 18：1 – 14.

Canfield，D. E. and R. W. Bachmann. 1981. Prediction of total phosphorus concentrations, chlorophyll a and secchi depths in natural and artificiallakes. Can. J. Fish. Aquat. Sci. 38：414 – 423.

Carline，R. F. 1986. Indices as predictors of fish community traits. Pages 46 – 56 in G. E. Hall and M. J. Van Den Avyle, eds. Reservoir fisheries management：Strategies for the 80's. Am. Fish Soc. , Bethesda, MD.

Carmack，E. C. , C. B. Gray, C. H. Pharo, and R. J. Daley. 1979. Importance of lake – river interactionon seasonal pattems in the general circulation of Kamloops Lake, British Columbia. Limnol. Oceanogr. 24：634 – 644.

Carmack，E. C. and C. B. J. Gray. 1982. Patterns of circulation and nutrient supply in a medium residence time reservoir, Kootenay Lake, British Columbia. Can. J. Water Resours.

7: 51 - 70.

Carpenter, S. R. , J. F. Kitchell, J. R. Hodgson, P. A. Cochran, J. J. Elser, M. M. Elser, D. M. Lodge, D. Kretchmer, X. He, and C. N. von Ende. 1987. Regulation of lake primary productivity by food web structure. Ecol. 68: 1863 - 1876.

Carpenter, S. R. , J. F. Kitchell, and J. R. Hodgson. 1985. Cascading trophic interactions and lake productivity. Bioscience 35: 634 - 639.

Carpenter, S. R. and J. F. Kitchell. 1984. Plankton community structure and limnetic primary production. Am. Nat. 124: 159 - 172.

Chamberlain, L. L. 1972. Primary productivity in a new and an older California reservoir. Calif. Fish and Game 58: 254 - 267.

Chang, W. Y. and D. G. Frey. 1977. Monroe Reservoir, Indiana. Part 2: Nutrient relations. Pages 71 - 117 in Indiana University Water Resour. Res. Center Tech. Rep. 87.

Chapra, S. C. 1980. Application of phosphorus loading models to river - run lakes and other incompletely mixed systems. Pages 329 - 334 in Restoration of lakes and inland waters, U. S. EPA 440/5 - 281 - 010.

Chapra, S. C. 1975. Comment on "An empirical method of estimating the retention of phosphorus in lakes, " by W. B. Kirchner and P. J. Dillon. Water Resources Res. 2: 1033 - 1034.

Claflin, T. O. 1968. Reservoir aufwuchs on inundated trees. Trans. Am. Microsc. Soc. 87: 97 - 104.

Coutant, C. C. 1963. Stream plankton above and below Green Lane Reservoir. Proc. Penn. Acad. Sci. 37: 122 - 126.

Cowell, B. C. 1970. The infiuence of plankton discharges from an upstream reservoir on standing corps in a Missouri River reservoir. Limnol. Oceanogr. 15: 427 - 441.

Cowell, B. C. and P. L. Hudson. 1967. Some environmental factors influencing benthic invertebrates in two Missouri River reservoirs. Pages 541 - 555 in Reservoir fishery resources. Spec. Publ. Am. Fish Soc. , Washington, DC.

Crayton, W. M. and M. R. Sommerfeld. 1981. Impacts of a desert impoundment on the phytoplankton community of the lower Colorado River. Pages 1608 - 1617 in H. G. Stefan, ed. Proceedings of the symposium on surface water impoundments. Am. Soc. Civil Engr. , New York, NY. 1682 pp.

Crurnpton, W. G. and R. G. Wetzel. 1982. Effects of differential growth and mortality in the seasonal succession of phytoplankton populations in Lawrence Lake, Michigan. Ecology 63: 1729 - 1739.

Cummins, K. W. 1979. The natural stream ecosystem. Pages 7 - 24 in J. V. Ward and J. A. Stanford, eds. The ecology of regulated streams. Plenum Press, New York, NY.

Cummins, K. W. 1974. Structure and function of stream ecosystems. Bioscience 24: 631 - 641.

Daley, R. J. , E. C. Carmack, C. B. J. Gray, C. H. Pharo, S. Jasper, and R. C. Wiegand. 1981. The effects of upstream impoundments on the limnology of Kootenay Lake. B. C. Environ. Con. Sci. Rept. No. 117, Vancouver, B. C. 98 pp.

Davies, W. D, W. L. Shelton, D. R. Bayne, and J. M. Lawrence. 1980. Fisheries and limno-logical studies on West Point Reservoir, Alabama – Georgia. Final report, Mobile District Corps of Engineers, Mobile, AL. 238 pp.

Dendy, F. E. , W. A. Champion, and R. B. Wilson. 1973. Reservoir sedimentation surveys in the United States. Pages 349 – 358 in W. C. Ackermann, G. F.

White, and E. B. Worthington, ed. Man – made lakes: Their problems and environmental effects. Geophys. Monogr. 17, Am. Geqphys. Union, Washing-ton, DC.

Dickman, M. 1969. Some effects of lake renewal on phytoplankton productivity and species composition. Limnol. Oceanogr. 14: 660 – 666.

Dillon, C. R. and J. H. Rodgers. 1980. Thermal effects on primary productivity of phyto-plankton, periphyton and macrophytes in Lake Keowee, S. C. Report No. 81, Water Re-sources Research Institute, Clemson University, Clemson, SC.

Ducklow, H. W. 1983. Production and fate of bacteria in the oceans. Bioscience 33: 494 – 501.

Ellis, B. K. and J. A. Stanford. 1982. Comparative photoheterotrophy, chemoheterotrophy, and photolithotrophy in a eutrophic reservoir and an oligotrophic lake. Limnol. Oceanogr. 27: 440 – 454.

Ellis, M. M. 1936. Erosion silt as a factor in aquatic environments. Ecology 17: 29 – 42.

Elser, J. J. and B. L. Kimmel. 1985a. Photoinhibition of temperate lake phytoplankton by near – surface irradiance: Evidence from vertical profiles and field experiments. J. Phycol. 21: 419 – 427.

Elser, J. J. and B. L. Kimmel. 1985b. Nutrient availability for phytoplankton production in a multiple – impoundment series. Can. J. Fish. Aquat. Sci. 42: 1359 – 1370.

Evans, T. D. and L. J. Paulson. 1983. The influence of Lake Powell on the suspended sedi-ment – phosphorus dynamics of the Colorado River inflow to Lake Mead. Pages 57 – 68 in V. D. Adams and V. A. LaMarra, eds. Aquatic resoources management of the Colorado River ecosystem. Ann Arbor Science, Ann Arbor, MI.

Falkowski, P. G. 1984. Physiological responses of phytoplankton to naturallight regimes. J. Plankton Res. 6: 295 – 307.

Fee, E. J. 1976. The vertical and seasonal distribution of chlorophyll in lakes of the Experimen-tal Lakes Area, northwestem Ontario: Implications for primary production estimates. Lim-nol. Oceanogr. 21: 767 – 783.

Findenegg, I. 1964. Types of planktonic primary production in the lakes of the Eastem Alps as found by the radioactive carbon method. Verh. Int. Verein. Limnol. 15: 352 – 359.

Fischer, H. B. and R. D. Smith. 1983. Observatlons of transport to surface waters from a plunging inflow to Lake Mead. Limnol. Oceanogr. 28: 258 – 272.

Fogg, G. E. 1975. Algal cultures and phytoplankton ecology, 2nd ed. University of Wisconsin Press, Madison, WI. 175 pp.

Ford, D. E. and K. W. Thornton. 1979. Time and length scales for the one-dimensional as-sumption and its relation to ecological models. Wat. Resours. Res. 15: 113 – 120.

Fraser, J. E. 1974. Water quality and phytoplankton productivity of Summersville Reservoir. W. Va. Acad. Sci. 8: 8 – 16.

Gak, D. Z. , V. V. G. Furvich, I. L. Korelyakova, L. E. Kostikova, N. A. Konstantinova, G. A. Olivari, A. D. Primachenko, Y. Y. Tseeb, K. S. Vladimirova, and L. N. Zimbalevskaya. 1972. Productivity of aquatic organism communities of different trophic levels in Kiev Reservoir. Pages 447 – 456 in A. Kajek and A. Hillbricht – llkowska, eds. PW N Polish Sci. Publ. , Warsaw, Poland.

Gallegos, C. L. , G. M. Homberger, and M. G. Kelly. 1980. Photosynthesis – light relationships of a mixed culture of phytoplankton in fluctuating light. Limnol. Oceanogr. 25: 1982 – 1092.

Gallegos, C. L. and T. Platt. 1982. Phytoplankton production and water motion in surface mixed layers. Deep Sea Res. 29: 65 – 76.

Ganf, U. G. 1975. Photosynthetic production and irradiance – photosynthesis relationships of the phytoplankton from a shallow equatorial lake (L. George, Uganda) . Freshwater Biol. 5: 13 – 39.

Gascon, D. and W. C. Leggett. 1977. Distribution, abundance, and resource utilization of littoral zone fishes in response to a nutrient/production gradient in Lake Memphremagog. J. Fish. Res. Board Can. 34: 1105 – 1117.

Gloss, S. P, R. C. Reynolds, L. M. Mayer, and D. E. Kidd. 1981. Reservoir influences on salinity and nutrient tluxes in the arid Colorado River basin. Pages 1618 – 1629 in H. G. Stefan, ed. Proceedings of the symposium on surface water impoundments. Am. Soc. Civil Engr. , New York, NY.

Gloss, S. P, L. M. Mayer, an4 D. E. Kidd. 1980. Advective control of nutrient dynamics in the epilimnion of a large reservoir. Limnol. Oceanogr. 25: 219 – 228.

Goldman, C. R. and B. L. Kimmel. 1978. Biological processes associated with suspended sediment and detritus in lakes and eservoirs. Pages 19 – 44 in J. Cairns, E. F. Benefield, and J. R. Webster, eds. Current perspectives on river – reservoir ecosystems. N. Am. Bentho. Soc. Publ. 1.

Goldman, C. R. 1968. Aquatic primary production. Am. Zool. 8: 31 – 42.

Goldman, C. R. , D. T. Mason, and B. J. Wood. 1963. Light injury and inhibition in Antarctic freshwater phytoplankton. Limnol. Oceanogr. 8: 313 – 22.

Grimard, Y. and H. G. Jones. 1982. Trophic upsurge in new reservoirs: A model for total-phosphorus concentrations. Can. J. Fish Aquat. Sci. 39: 1473 – 1483.

Groeger, A. W. and B. L. Kimmel. 1984. Organic matter supply and processing in lakes and reservoirs. Pages 282 – 285 in Lake and Reservoir Management. EPA 440/5/84 – 001. U. S. Environmental Protection Agency, Washington, DC.

Groeger, A. W. and B. L. Kimmel. 1988. Photosynthetic carbon metabolism by phytoplankton in a nitrogen – limited reservoir. Can. J. Fish. Aquat. Sci. 45: 720 – 730.

Groeger, A. W. 1979. Organic matter flow through Lake Isabella and the Chippewa River. M. S. Thesis, Central Michigan University, Mt. Pleasant, MI. 76 pp.

Hains, J. J. 1987. Preimpoundment and postimpoundment algal flora of the Savannah River at Richard B. Russell reservoir site. Pages 53 – 64 in R. H. Kennedy, ed. Supplemental Limnological Studies at Richard B. Russell and Clarks Hill Lakes, 1983 – 1985. Misc. Paper E – 87

- 2, U. S. Army Engineer Waterways Experiment Station, Vicksburg, MS.

Hammerton, D. 1972. The Nile River - a case history. Pages 171 - 214 in R. T. Oglesby, C. A. Carlson, and J. A. McCann, River Ecology and Man. Academic Press, New York, NY.

Hannan, H. , D. Barrows, and D. C. Whitenberg. 1981. The trophic status of a deep - storage reservoir in Central Texas. Pages 425 - 434 in H. G. Stefan, ed. Proceedings of the symposium on surface water irnpoundments. Am. Soc. Civl Engr. , New York, NY.

Harris, G. P. 1980b. The measurement of photosynthesis in natural populations of phytoplankton. Pages 129 - 187 in L. Morrls, ed. The physiological ecology of phytoplankton. University of California Press, Berkeley, CA.

Harris, G. P 1988. Structural aspects of phytoplankton succession. Verh. Internat. Verein. Limnol. 23: 2221 - 2225.

Harris, G. P. 1980a. Temporal and spatial scales in phytoplankton ecology: Mechanisms, methods, models, and management. Can. J. Fish. Aquat. Sci. 37: 877 - 900.

Harris, G. P and B. B. Piccinin. 1977. Photosynthesis by natural phytoplankton populations. Arch. Hydrobiol. 80: 405 - 57.

Harris, G. P. 1978. Photosynthesis, productivity and growth: The physiological ecology of phytoplankton. Arch. Hydrobiol. Beih. Ergeb. Limnol. 10: 1 - 171.

Harris, G. P. 1986. Phytoplankton ecology. Chapman and Hall, London.

Heinemann, H. G. , R. F. Holt, and D. L. Rausch. 1973. Sediment and nutrient research on selected corn belt reservoirs. Pages 381 - 386 in W. C. Ackermann, G. F. White, and E. B. Worthington, eds. Man - made lakes: Their problems and environmental effects. Geophys. Monogr. 17, Am. Geophys. Union, Washington, DC.

Henderson, H. F. , R. A. Ryder, and W. Kudhongania. 1973. Assessing fishery potential of lakes and reservoirs. J. Fish Res. Board Can. 30: 2000 - 2009.

Higgins, J. M. , W. L. Poppe, and M. L. Iwanski. 1981. Eutrophication analysis of TVA reservoirs. Pages 404 - 412 in H. G. Stefan, ed. Proceedings of the symposium on surface water impoundments. Am. Soc. Civil Engr. , New York, NY.

Hoffman, D. A. and A. R. Jonez. 1973. Lake Mead, a case history. Pages 220 - 223 in W. C. Ackermann, G. F. White, and E. B. Worthington, eds. Manmade lakes: Their problems and environmental effects. Geophys. Monogr. 17, Am. Geophys. Union, Washington, DC.

Hoogenhout, H. and J. Amesz. 1965. Growth rates of photosynthetic microorganisms in laboratory cultures. Arch. Mikrobiol. 50: 10 - 25.

Hrbacek, J. , M. Dvorakova, V. Korinek, and L. Prochazkova. 1961. Demonstration of the effect of the fish stock on the species composition of zooplankton and the intensity of metabolism of the whole plankton assemblage. Verh. Intemat. Verein. Limnol. 18: 162 - 170.

Hrbacek, J. and M. Straskraba, eds. 1966. Hydrobio 1. Studies 1. Czechoslovak Acad. Sci. 408 pp.

Hrbacek, J. and M. Straskraba, eds. 1973a. Hydrobiol. Studies 2. Czechoslovak Acad. Sci. 348 pp.

Hrbacek, J. and M. Straskraba, eds. 1973b. Hydrobiol. Studies 3. Czechoslovak Acad. Sci. 310 pp.

Hutchinson, G. E. 1957. A treatise on limnology, Vol. 1; Geography, Physics, and Chemistry. John Wiley and Sons, Inc. , New York, NY. 1015 pp.

Hutchinson, G. E. 1961. The paradox of the plankton. Am. Nat. 95: 137 – 145.

Hynes, H. B. N. 1970. The ecology of running waters. University of Toronto Press, Toronto, Canada. 555 pp.

Hynes, H. B. N. 1975. The stream and its valley. Verh. Int. Verein. Limnol. 19: 1 – 15.

Isom, B. G. 1971. Effects of storage and mainstream reservoirs on benthic macroinvertebrates in the Tennessee Valley. Pages 179 – 192 in G. E. Hall, ed. Reservoir fisheries and limnology. Spec. Publ. 8, Am. Fish. Soc. , Washington, DC.

Jassby, A. D. and C. R. Goldman. 1974. Loss rates from a lake phytoplankton community. Limnol. Oceanogr. 19: 618 – 627.

Javornicky, P. and J. Komarkova. 1973. The changes in several parameters of plankton primary productivity in Slapy Reservoir, 1980 – 1967. Their mutual correlations and correlations with the main ecological factors. Pages 155 – 211 in J. Hrbacek and M. Straskraba, eds. Hydrobiol. Studies 2, Czechoslovak
Acad. Sci.

Jenkins, R. M. 1967. The influence of some environmental factors on standing crop and harvest of fishes in U. S. reservoirs. Pages 298 – 321 in Reservoir fishery resources. Spec. Publ. , Am. Fish Soc. , Washington, DC.

Jenkins, R. M. 1977. Prediction of fish biomass, harvest, and prey – predator relations in reservoirs. Pages 282 – 293 in W. Van Winkle, ed. Assessing the effects of power plant – induced mortality on fish populations. Pergam. on Press, New York, NY.

Jenkins, R. M. 1982. The morphoedaphic index and reservoir fish production. Trans. Am. Fish. Soc. 111: 133 – 140.

Jewson, D. H. and R. B. Wood. 1975. Some effects of integral photosynthesis of artifical circulation of phytoplankton through light gradients. Verh. Int. Verein. Limnol. 19: 1037 – 1044.

Jonasson, P. M. 1977. Lake Esrom research, 1867 – 1977. Folia Limnol. Scand. 17: 67 – 89.

Jonasson, P. M. and H. Adalsteinsson. 1979. Phytoplankton production in shallow eutrophic Lake Myvatn, Iceland. Oikos 32: 113 – 138.

Jones, J. R. and R. W. Bachmann. 1978. Phosphorus removal by sedimentation in some Iowa reservoirs. Verh. Int. Verein. Limnol. 20: 1576 – 1580.

Kalff, J. and R. Knoechel. 1978. Phytoplankton and their dynamice in oligotrophic and eutrophic lakes. Ann. Rev. Ecol. Syst. 9: 475 – 495.

Kennedy, R. H, K. W. Thornton, and J. H. Carroll. 1981. Suspended – sediment gradients in Lake Red Rock. Pages 1318 – 1328 in H. G. Stefan, ed. Proceedings of the symposium on surface water impoundments. Am. Soc. Civil Engr. , New York, NY.

Kerr, S. R. 1974. Theory of size distribution in ecological communities. J. Fish. Res. Board Can. 31: 1859 – 1862.

Kerr, S. R. 1982. The role of external analysis in fishery science. Tran. Am. Fish. Soc. 111: 165 – 170.

Kerr, S. R. and N. V. Martin. 1970. Trophic - dynamics of lake trout population systems. Pages 365 - 376 in J. H. Steele, ed. Marine food chains. Oliver and Boyd, Edinburgh, Scotland. 552 pp.

Kiefer, D. A. , O. Holm - Hansen, C. R. Goldman, R. Richards, and T. Berman. 1972. Phytoplankton in Lake Tahoe: Deep - living populations. Limnol. Oceanogr. 17: 418 - 422.

Kiefer, D. A. , R. J. Olson, and O. Holm - Hansen. 1976. Another look at the nitrite and chlorophyll maxima in the central North pacific. Deep - Sea Res. 23: 1199 - 1208.

Kimmel, B. L. 1981. Land - water interactions: Effects of introduced nutrients and soil particles on reservoir productivity. Tech. Compl. Rept. , Proj. No. A - 088 - OKLA, Office of Water Research and Technology, U. S. Department of Interior. 95 pp.

Kimmel, B. L. 1983. Size distribution of planktonic autotrophy and microheterotrophy: Implications for organic carbon flow in reservoir foodwebs. Arch. Hydrobiol. 97: 303 - 319.

Kimmel, B. L. and A. W. Groeger. 1984. Factors controlling phytoplankton production in lakes and reservoirs: A perspective. Pages 277 - 281 in Lake and reservoir management. EPA 440/5/84 - 001. U. S. Environmental Protection Agency, Washington, DC.

Kimmel, B. L. and A. W. Groeger. 1986. Limnological and ecological changes associated with reservoir aging. Pages 103 - 109 in G. E. Hall and M. J. Van Den Avyle, eds. Reservoir fisheries management: Strategies for the 80's. Reservoir Committee, Am. Fish Soc. , Bethesda, MD.

Kimmel, B. L. and O. T. Lind. 1972. Factors affecting phytoplankton production in a eutrophic reservoir. Arch. Hydrobiol. 71: 124 - 141.

Kimmel, B. L. , D. M. Soballe, S. M. Adams, A. V. Palumbo, C. J. Ford, and M. S. Bevelhimer. 1988. Inter - reservoir interactions: Effects of a new impoundment on organic matter production and processing in a mutlipe - impoundment series. Verh. Int. Verein Limnol. 23: 985 - 994.

Kimmel, B. L. and M. M. White. 1979. DCMU - enhanced chlorophyll fluorescence as an indicator of the physiological status of reservoir phytoplankton: An initial evaluation. Pages 246 - 262 in M. W. Lorenzen, ed. Phytoplankton-environmental interactions in reservoirs. U. S. Army Waterways Experiment Station, Vicksburg, MS.

Kimmel, B. L. and A. W. Groeger. 1987. Size distribution of planktonic autotrophy and microheterotrophy in DeGray Reservoir, Arkansas. Pages 297 - 326 in R. H. Kennedy and J. Nix, eds. Proceedings of the DeGray Lake Symposium. Tech. Report E - 87 - 4, U. S. Army Engineer Waterways Experiment Station, Vicksburg, MS.

Kloet, W. A. de. 1982. The primary production of phytoplankton in Lake Vechten. Hydrobiologia 95: 37 - 57.

Knowlton, M. F. and J. R. Jones. 1989. Comparison of surface and depthintegrated composite samples for estimating algal biomass and phosphorus values and notes on the vertical distribution of algae and photosynthetic bacteria in midwestern lakes. Arch. Hydrobiol. /Suppl. 83: 175 - 196.

Knutson, K. M. 1970. Planktonic ecology of Lake Ashtabula Reservoir, Valley City, North Dakota. Ph. D. Dissertation, North Dakota State Univ. , Fargo, N. D. 99 pp.

Lee, G. F, W. Rast, and R. A. Jones. 1972. Eutrophication of water bodies: Insights for an age - old problem. Env. Sci. Tech. 12: 900 - 908.

Lelek, A. 1973. Sequence of changes in fish populations of the new tropical man-made lake, Kainji, Nigeria, West Africa. Arch. Hydrobiol. 71: 381 - 420.

Liang, Y. , J. M. Melack, and J. Wang. 1981. Primary production and fish yields in Chinese ponds and lakes. Trans. Am. Fish Soc. 100: 346 - 350.

Likens, G. E. 1972. Nutrients and eutrophication: Tbe limiting nutrient controversy. Spec. Sympos. 1, Am. Soc. Limnol. Oceanogr. 328 pp.

Lind, O. T. 1971. The organic water budget of a Central Texas reservoir. Pages 193 - 202 in G. E. Hall, ed. Reservoirs fisheries and limnology. Am. Fish Soc.

Lind, O. T. 1979. Reservoir eutrophication: Factors governing primary production. Tech. Compl. Rept. , Proj. B - 210 - TEX, Office of Water Research and Technology, U. S. Department of Interior.

Little, E. C. S. 1966. The invasion of man - made lakes by plants. Pages 75 - 86 in R. H. Lowe - McConnell, ed. Man - made Lakes. Academic Press, London, England.

Lorenzen, C. J. 1967. Vertical distribution of chlorophyll and phaeopigments: Baja California. Deep - Sea Res. 14: 735 - 745.

Lund, J. W. G. 1965. The ecology of the freshwater phytoplankton. Biol. Rev. 40: 231 - 293.

Malone, T. C. 1980. Algal size. Pages 433 - 463 in I. Morris, ed. The physiological ecology of phytoplankton. University of California Press, Berkeley, CA.

Mann, K. H. , R. H. Britton, A. Kowalceewski, T. J. Lack, and C. P. Matthews. 1972. Productivity and energy flow at all trophic levels in the River Thames, England. Pages 579 - 596 in Z. Kajak and A. Hillbricht - Ilkowsa, eds. Productivity of freshwaters. PWN Polish Sci. Publ. , Warsaw, Poland.

Margalef, R. 1960. Ideas for a synthetic approach to the ecology of running waters. Int. Rev. Ges. Hydrobiol. 45: 133 - 153.

Margalef, R. 1975. Typology of reservoirs. Verh. Int. Verein. Limnol. 19: 1841 - 1848.

Marra, J. 1978. Phytoplficlkton photosynthetic response to vertical movement in a mixed layer. Mar. Biol. 46: 203 - 208.

Marra, J. 1978a. Effect of short - term variations in light intensity on photosynthesis of a marine phytoplankter: A laboratory simulation study. Mar. Biol. (Berl.) 46: 191 - 202.

Marra, J. 1978b. Phytoplankton photosynthetic response to vertical movement in a mixed layer. Mar. Biol. (Berl.) 46: 203 - 208.

Martin, D. B. and R. D. Ameson. 1978. Comparative limnology of a deep-discharge reservoir and a surface - discharge lake on the Madison River, Montana. Freshwater Biol. 8: 33 - 42.

Martin, D. B. and J. F. Novotny. 1975. Nutrient limitation of summer phytoplankton growth in two Missouri River reservoirs. Ecology 56: 199 - 205.

Marzolf, G. R. 1981. Some aspects of zooplankton existence in surface water impoundments. Pages 1392 - 1399 in H. G. Stefan, ed. Proceedings of the symposium on surface water impoundments. Am. Soc. Civil Engr. , New York, NY.

Marzolf, G. R. and J. A. Osbome. 1971. Primary production in a Great Plains reservoir. Verh. Int. Ver. Limnol. 18: 126 – 133.

Macerzolf, G. R. and J. A. Arruda. 1980. Roles of materials exported by rivers into reservoirs in the nutrition of cladoceran zooplankton. Pages 53 – 55 in Restoration of lake and inland waters. U. S. Environmental Protection Agency 440/5 – 81 – 010.

Marzolf, G. R. 1984. Reservoirs in the Great Plains of North America. Pages 291 – 302 in F. B. Taub, ed. Ecosystems of the World 23, Lakes and Reservoirs. Elsevier, New York, NY.

McConnell, W. J. 1963. Primary productivity and fish harvest in a small desert impoudment. Trans. Am. Fish. Soc. 92: 1 – 12.

McCullough, J. D. 1978. A study of phytoplankton primary productivity and nut- rient concentrations in Livingston Reservoir, Texas. Tex. J. Sci. 30: 377 – 387.

McKinley, K. R. and R. G. Wetzel. 1979. Photolithotrophy, photoheterotrophyand chemoheterotrophy: Pattems of resource utilization on an annual and a diurnal basis within a pelagic microbial community. Microb. Ecol. 5: 1 – 15.

Megard, R. O. 1981. Effects of planktonic algae on water quality in impoundments of the Mississippe river in Minnesota. Pages 1575 – 1584 in H. G. Stefan, ed. Proceedings of the symposium on surface water impoundments. Am. Soc. Civil Engr. , New York, NY.

Melack, J. M. 1976. Primary production and fish yields in tropicallakes. Trans. Am. Fish Soc. 105: 575 – 580.

Meyer, J. L. and G. E. Likens. 1979. Transport and transformation of phosphorus in a forest stream ecosystem. Ecol. 60: 1255 – 1269.

Minshall, G. W. , R. C. Peterson, K. W. Cummins, T. L. Bott, J. R. Seäell, C. E. Cushing, and R. L. Vannote. 1983. Interbiome compficison of stream ecosystem dyn, arnics. Ecol. Monogr. 53: 1 – 25.

Mitchell, S. F. and A. N. Galland. 1981. Phytoplankton photosynthesis, eutrophication and vertical migration of dinoftagellates in a New Zealand reservoir. Verh. Int. Ver. Limno. 21: 1017 – 1020.

Naiman, R. J. and J. R. Sedell. 1981. Stream ecosystem research in a watershed perspective. Verh. Int. Verein. Limnol. 21: 804 – 811.

National Academy of Sciences. 1969. Eutrophication: Causes, consequences, correctives. Nat. Acad. Sci. Nat. Res. Council, Publ. 1700, Washington, DC. 661 pp.

Neel, J. K. 1963. Impact of reservoirs. Pages 575 – 593 in D. G. Frey, ed. Limnology in North America. University of Wisconsin Press, Madison, WI.

O'Brien, W. J. 1972. Limiting factors in phytoplankton algae: Their meaning and measurement. Sci. 178: 616 – 617.

O'Brien, W. J. 1974. The dynamica of nutrient limitation of phytoplankton algae: A model reconsidered. Ecol. 55: 135 – 141.

O'Brien, W. J. 1975. Factors limiting primary productivity in turbid Kansas reservoirs. Tech. Compl. Rept. , Proj. A – 0520 – KAN, Office of Water Research and Tech. , U. S. Department of Interior. 34 pp.

Oglesby, R. T. 1982. The MEI symposium — Overview and observations. Trans. Am. Fish.

Soc. 111: 171 – 175.

Oglesby, R. T. 1977. Relationships of fish yield to lake phytoplankton standing crop, production, and morphoedaphic factors. J. Fish. Res. Board Can. 34: 2271 – 2279.

O'Neill, R. V., D. L. DeAngelis, J. B. Waide, and T. F. H. Allen. 1986. A hierarchical concept of ecosystems. Princeton Univ. Press, Princeton, J. 253pp. Organisation for Economic Cooperation and Development. 1982. Eutrophication of waters – monitoring, assessment, and control. Organisation for Economic Co – operation and Development, Paris, France.

Ostrofsky, M. L. 1978. Trophic changes in reservious: An hypothesis using phosphorus budget models. Int. Rev. Ges. Hydrobiol. 63: 481 – 499.

Ostrofsky, M. L. and H. C. Duthie. 1978. An approach to modelling productivity in reservoirs. Verh. Int. Ver. Limnol. 20: 1562 – 1567.

Ostrofsky, M. L. and H. C. Duthie. 1980. Trophic upsurge and the relationship between phytoplankton biomass and productivity in Smallwood Reservoir, Canada. Can. J. Bot. 58: 1174 – 1180.

Parsons, T. R. and J. D. H. Strickland. 1962. On the production of particulate organic carbon by heterotrophic processes in sea water. Deep – Sea Res. 8: 211 – 222.

Paulson, L. J., J. R. Baker, and J. E. Deacon. 1979. Potential use of hydroelectric facilities for manipulating the fertility of Lake Mead. Pages 296 – 300 in Proceedings of the mitigation symposium, U. S. Dept. Agr. Tech. Rept. No. RM – 65.

Paulson, L. J., J. R. Baker, and J. E. Deacon. 1980. The limnological status of Lake Mead and Lake Mohave under present and future powerplant operations of Hoover Dam. Lake Mead Limnol. Res. Cen. Tech. Rept. 1, Univ. Nevada, Las Vegas, NV. 229 pp.

Paulson, L. J. 1981. Nutrient management with hydroelectric dams on the Colorado River system. Lake Mead Limnol. Res. Cen. Tech. Rept. 8, Univ. Nevada, Las Vegas, NV. 39 pp.

Paulson, L. J. and J. R. Baker. 1981. Nutrient interactions among reservoirs on the Colorado River. Pages 1647 – 1658 in H. G. Stefan, ed. Proceedings of the symposium on surface water impoundments. Am. Soc. Civil Engr., New York, NY.

Peterka, J. J. and L. A. Reid. 1966. Primary production and. chemical and physical characteristics of lake Ashtabula Reservoir, North Dakota. Proc., No. Dakota Acad. Sci. 22: 138 – 158.

Peters, R. H. 1979. Concentrations and kinetics of phosphorus fractions along the trophic gradient of Lake Memphremagog. J. Fish. Res. Board Can. 36: 970 – 979.

Peterson, B. J. 1980. Aquatic primary productivity and the $14C – CO_2$ method: A history of the productivity problem. Ann. Rev. Ecol. Syst. 11: 359 – 385.

Petts, G. E. 1984. Impounded rivers, perspectives for ecological management. John Wiley and Sons, New York, NY.

Placke, J. F. 1983. Trophic status evaluation of TVA reservoirs. Tech. Rept., Tennessee Valley Authority. 136pp.

Placke, J. F. and W. L. Poppe. 1980. Eutrophication analysis of Nickajack and Chickamauga reservoirs. Tech. Rept., Tennessee Valley Authority, Chatta-nooga, TN. 105 pp.

Platt, T. , C. L. Gallegos, and W. B. Harrison. 1980. Photoinhibition of photosynthesis in natural assemblages of marine phytoplankton. J. Mar. Res. 38: 687 – 701.

Platt, T. and W. K. W. Li, eds. 1986. Photosynthetic picoplankton. Can. Bull. Fish. Aquat. Sci. 214: 583 pp.

Ploskey, G. R. 1981. Factors affecting fish production and fishing quality in new reservoirs, with guidance on timber clearing, basin preparation, and filling. U. S. Army Engineer Waterways Experiment Station Tech. Report, Vicksburg, MS. 68 pp.

Poddubny, A. G. 1976. Ecological topography of fish populations in reservoirs. Acad. Sci. USSR, Inst. Biol. Inland Waters. (Translated from Russian and published for the U. S. Bureau of Sport Fisheries and Wildlife, and the Nation- al Science Foundation, Amerind Publ. Co. , New Delhi.) 414 pp.

Pomeroy, L. R. 1974. The ocean's food web, a changing paradigm. Bioscience 24: 499 – 504.

Poppe, W. L. , D. J. Bruggink, and J. F. Placke. 1980. Eutrophication analysis of Cherokee Reservoir. Tech. Rep. WR – 50 – 25 – 80. 01. Tennessee Valley Authority, Chattanooga, TN.

Prentki, R. T. and L. J. Paulson. 1983. Historical patterns of phytoplankton productivity in Lake Mead. Pages 105 – 123 in Aquatic resources management of the Colorado River ecosystem. Ann Arbor Science, Ann Arbor, MI.

Prentki, R. T. , L. J. Paulson, and J. R. Baker. 1981. Chemical and biological structure of Lake Mead sediments. Lake Mead Limnological. Res. Cen. Tech. Rept. 6, Univ. Nevada, Las Vegas, NV. 89 pp.

Pridmore, R. D. and G. B. McBride. 1984. Prediction of chlorophyll a in impoundments of short hydraulic retention time. J. Env. Man. 19: 343 – 350.

Priscu, J. C. , J. Verduin, and J. E. Deacon. 1982. Primary productivity and nutrient balance in a lower Colorado River reservoir. Arch. Hydrobiol. 94: 1 – 23.

Pyrina, I. L. 1966. Pervichnaya produktsiya fitoplanktona v Inan' – kovskom Rybinskom i Kuibyshevskom vodkhranilischchakh v zavisimosti ot nekotorykh faktorov (Primary Production of phytoplankton in the Ivan'skovskii, Rybinsk, and Kuibyshev reservoirs, in relation to certain factors). Produtsirovanie i krugovorot organisch. veshchestva vo unutr. vodoemakh. Tr. Inst. biol. unutr. vod Akad. Nauk SSSR, No. 13 (16).

Reckhow, K. H. 1979a. Quantitative techniques for the assessment of lake quality. U. S. Environmental Protection Agency Report No. EPA – 440/5 – 79 – 015. 146 pp.

Reckhow, K. H. 1979b. Empirical lake models for phosphorus: Development, applications, limitations and uncertainty. Pages 193 – 221 in D. Scavia and A. Robertson, eds. Perspectives on lake ecosystem modeling. Ann Arbor. Sci, Ann Arbor, MI.

Reynolds, C. S. 1984. The ecology of freshwater phytoplankton. Cambridge Univ. Press, Cambridge, England.

Richerson, P. , R. Armstrong, and C. R. Goldman. 1970. Contemporaneous disequilibrium, a new hypothesis to explain the "paradox of the plankton. " Proc. Nat. Acad. Sci. 67: 1710 – 1714.

Richerson, P. , M. M. Lopez, and T. Coon. 1978. The deep chlorophyll maximum layer of

Lake Tahoe. Verh. Int. Verein. Limnol. 20: 426 – 433.

Ridley, J. E. and J. A. Steel. 1975. Ecological aspects of river impoundments. Pages 565 – 587 in B. A. Whitton, ed. River ecology. Univ. Calif. Press, Berkeley, CA.

Romanenko, V. I. 1978. Balance of organic matter in the ecosystem of the Rybinskiy Reservoir. Pages 121 – 131 in Proc., first and second USA – USSR symposia on the effects of pollutants upon aquatic ecosystems, Vol. 1. EPA – 600/3 – 78 – 076. U. S. Environmental Protection Agency, Washington, DC.

Ryder, R. A. 1965. A method for estimating the potential fish production of north – temperate lakes. Trans. Am. Fish. Soc. 94: 214 – 218.

Ryder, R. A. 1978. Ecological heterogeneity between north – temperate reservoirs and glacial lake systems due to differing succession rates and cultural uses. Verh. Int. Verein. Limnol. 20: 1568 – 1574.

Ryder, R. A. 1982. The morphoedaphic index – use, abuse, and fundamental concepts. Trans. Am. Fish. Soc. 111: 154 – 164.

Ryder, R. A., S. R. Kelff, K. H. Loftus, and H. A. Regier. 1974. The morphoedaphic index, a fish yield estimator review and evaluation. J. Fish. Res. Board Can. 38: 663 – 688.

Salmanov, M. A. and Y. 1. Sorokin. 1962. Pervichnaya produktsya Kuibyshevskogo vodokhranilishcha (Primary production from the Kuibyshev reservoir). Izv. Akad. Nauk SSSR, Ser. Biol. (4).

Santiago, A. E. 1978. A preliminary study on the primary production of the lower basin, Lake Monroe, lndiana USA. Masters Thesis, Indiana University, SouthBend, IN. 117 pp.

Schindler, D. W. 1978. Factors regulating phytoplankton production and standing crop in the world's freshwaters. Limnol. Oceangr. 23: 478 – 496.

Schindler, D. W. and S. K. Holmgren. 1971. Primary production and phytoplankton in the Experimental Lakes Area, northwestern Ontario, and other low – carbonate and a liquid scintillation method for determining activity in photosynthesis. J. Fish. Res. Board Can. 28: 189 – 201.

Shapiro, J. 1980. The importance of trophic – level interactions to the abundance and species composition of algae in lakes. Pages 105 – 115 in J. Barica and L. Mur, eds. Hypertrophic systems. Dr. W. Junk, The Hague, The Netherlands.

Sheldon, R. W. and T. R. Parsons. 1967. A continuous size spectrum for particulate matter in the sea. J. Fish. Res. Board Can. 24: 909 – 915.

Sheldon, R. W., A. Prakash, and W. H. Sutcliffe, Jr. 1972. The size distribution of particles in the ocean. Limnol. Oceanogr. 17: 327 – 340.

Sheldon, R. W., W. H. Sutcliffe, Jr., and M. A. Paranjape. 1977. Structure of pelagic food chain and relationship between plankton and fish production. J. Fish. Res. Board Can. 34: 2344 – 2353.

Shiel, R. J. and K. F. Walker. 1984. Zooplankton of regulated and unregulated rivers: The Murray – Darling river system, Australia. Pages 263 – 270 in A. Lillehammer and S. J. Saltveit, eds. Regulated Rivers. Univ. Oslo.

Sieburth, J. McN., V. Smetacek, and J. Lenz. 1978. Pelagic ecosystem structure: Heterotrophic compartments of the plankton and their relationship to plankton size fractions. Limnol. Oceanogr. 23: 1256 – 1263.

Silvey, J. K. G. and J. A. Stanford. 1978. A historical overview of reservoir limnology in the southwestern United States. Pages 1 – 18 in J. Cairns, E. F. Benfteld, and J. R. Webster, eds. Current perspectives of river reservoir ecosystems. North American Benthologièal Society Publ. 1. Blacksburg, VA. 85 pp.

Smith, R. C. , K. S. Baker, O. Holm – Hansen, and R. Olson. 1980. Photoinhibition of phosynthesis in natural waters. Photochem. Photobiol. 31: 585 – 92.

Soballe, D. M. , B. L. Kimmel, R. H. Kennedy, and R. M. Gaugaush. In press. Reservoirs. In W. H. Martin, ed. Biotic communities of the Southeastern United States. Ecological Society of America.

Soballe, D. M. 1981. The fate of river phytoplankton in Red Rock Reservoir. Ph. D. Dissertation (Diss. Abstr. No. DA820911), Iowa State Univ. , Ames, IA. 92 pp.

Soballe, D. M. and R. W. Bachmann. 1984. Removal of Des Moines River phytoplankton by reservoir transit. Can. J. Fish. Aq. Sci. 41: 1803 – 1813.

Soballe, D. M. and B. L. Kimmel. 1987. A large – scale comparisonof factors influencing phytoplankton abundance in rivers, lakes, and impoundments. Ecology 68: 1943 – 1954.

Soballe, D. M. and S. T. Threlkeld. 1985. Advection, phytoplankton biomass, and nutrient transformations in a rapidly flushed impoundment. Archiv. Hydrobiol. 105: 187 – 203.

Soltero, R. A. and J. C. Wright. 1975. Primary production studies on a new reservoir: Bighom Lake – Yellowtail Dam, Montana, U. S. A. Freshwater Biol. 5: 407 – 421.

Soltero, R. A. , A. F. Gasperino, and W. G. Graham. 1975. Cultural eutrophication of Lone Lake, Washington. Verh. Int. Ver. Limnol. 19: 1778 – 1789.

Sonzogni, W. C. , S. C. Chapra, D. E. Armstrong, and T. J. Logan. 1982. Bioavailability of phosphorus inputs to lakes. J. Env. Qual. 11: 555 – 563.

Sorokin, Yu. I. , E. P. Rozanova, and G. A. Sokolova. 1959. Izuchenie pervichnoi producktsii v Gor′kovskom vodokhranilishche s primeneniem ^{14}C (Study of Primary production in the Gorky reservoir using ^{14}C) . Tr. Vsesoyuzn. gidrobiol. obshch. 9.

Sreenivasan, A. 1972. Energy transformations through primary productivity and fish production in some tropical freshwater impoundments and ponds. Pages 505 – 514 in Z. Kajak and A. Hillbricht – Ilkowska, eds. Productivity Problems of Freshwaters. PWN Polish Scientific Publishers, Warsaw, Poland.

Stadlemann, P. , J. E. Moore, and E. Pickett. 1974. Primary production in relation to temperature structure, biomass concentration, and light conditions at an inshore and offshore station in L. Ontario. J. Fish. Res. Board Can. 31: 1215 – 32.

Stanford, J. A. 1978. Relation between plankton dynamics and riverine turbidity in Flathead Lake, MT (Abstr.) . Verh. Int. Verein. Limnol. 20: 1574.

Steele, J. H. 1964. A study of production in the Gulf of Mexico. J. Mar. Res. 22: 211 – 222.

Steeman Nielsen, E. 1975. Marine photosynthesis. With special emphasis on the ecological aspects. Elsevier, Amsterdam, Netherlands. 140 pp.

Stockner, J. G. and N. J. Antia. 1986. Algal picoplankton from marine and freshwater ecosystems: A multidisciplinary perspective. Can. J. Fish. Aq. Sci. 43: 2472 – 2503.

Straskraba, M. , J. Hrbacek, and P. Javornicky. 1973. Effect of an upstream reservoir on the stratification conditions in Slapy Reservoir. Pages 7 – 82 in J. Hrbacek and M. Straskraba, eds Hydrobiol. Studies 2. Czech. Acad. Sci.

Straskraba, M. and P. Javornicky. 1973. Limnology of two re – regulation reservoirs in Czechoslovakia. Pages 244 – 316 in J. Hrbacek and M. Straskraba, eds. Hydrobiol. Studies 2. Czech. Acad. Sci.

Stross, R. G. and J. Stottlemeyer. 1965. Primary production in the Patuxent River. Chesapeake Science 6: 125 – 140.

Stroud, R. H. and R. G. Martin. 1973. The influence of reservoir discharge location on the water quality, biology, and sport fisheries of reservoirs and tailwaters. Pages 540 – 558 in W. C. Ackermann, G. F. White, and E. B. Worthington, eds. Man-Make Lakes: Their Problems and Environmental Effects. Geophysical Monograph 17, American Geophysical Union, Washington, DC.

Stuart, T. J. and J. A. Stanford. 1979. A case of thermal pollution limited rimary productivity in a Southwestern U. S. A. reservoir. Hydrobiologia 58: 99 – 211.

Sullivan, J. F. 1978. Primary productivity and phytoplankton biomass in the Big Eau Pleine Reservoir, Wisconsin. Verh. Int. Ver. Limnol. 20: 1581 – 1586.

Talling, J. F. 1961. Photosynthesis under natural conditions. Ann. Rev. Plant. Physiol. 12: 133 – 154.

Talling, J. F. 1971. The underwater light climate as a controlling factor in the production ecology of freshwater phytoplankton. Mitt. Int. Verein. Limnol. 19: 214 – 243.

Talling, J. F. and J. Rzoska. 1967. The development of plankton in relation to hydrological regime in the Blue Nile. J. Ecol. 55: 637 – 662.

Taylor, H. P. 1971. Phytoplankton productivity responses to nutrients correlated with certain environmental factors in six TVA reservoirs. Pages 209 – 217 in G. E. Hall, ed. Reservoir fisheries and limnology, Spec. Publ. 8. American Fisheries Society, Washington, DC.

Thornton, K. W. , R. H. Kennedy, J. H. Carroll, W. W. Walker, R. C. Gunkel, and S. Ashby. 1981. Reservoir sedimentation and water quality—an heuristic model. Pages 654 – 661 in H. G. Stefan, ed. Proceedings of the symposium on surface water impoundments. Am. Soc. Civil Engr. , New York, NY.

Thornton, K. W. 1984. Regional comparisons of lakes and reservoirs: Geology, climatology, and morphology. Pages 261 – 265 in Lake and reservoir management. EPA 440/5/84 – 001. U. S. Environmental Protection Agency, Washington, DC.

Thornton, K. W. , R. H. Kennedy, A. D. Magoun, and G. E. Saul. 1982. Reservoir water quality sampling design. Water Res. Bull. 18: 471 – 480.

Tilly, L. J. 1975. Changes in water chemistry and primary productivity of a reactor cooling reservoir (Par Pond) . Pages 394 – 407 in F. G. Howell, J. B. Gentry, and M. H. Smith eds. Mineral Cycling in Southeastem Ecosystems. CONF – 740513. National Technical Information Service, Springfield, VA.

Tilzer, M. C, C. R. Goldman, R. C. Richards, and R. C. Wrigley. 1976. Influence of sediment inflow on phytoplankton primary productivity in Lake Tahoe (California – Nevada) . Int. Rev. Ges. Hydrobiol. 61: 169 – 181.

Tumer, R. R. , E. A. Laws, and R. C. Harris. 1983. Nutrient retention and transformation in relation to hydraulic flushing rate in a small impoundment. Freshwater Biol. 13: 113 – 127.

Uhlmann, D. 1968. Der Einfluss der Verweilzeit des Wassersauf die Massenentwicklung von Planktonalgen. Fortschr. Wasserchem. 8: 32 – 47.

Vallentyne, J. R. 1974. The algal bowl – lakes and man. Spec. Publ. 22, Dept. of Environment, Ottawa, Canada. 185 pp.

Van Den Avyle, M. J. , R. S. Hayward, R. A. Krause, and A. J. Spells. 1982. Spatial variations in abundance of phytoplankton, zooplankton, and larval fishes in Center Hill Reservoir. Can. J. Water Resources 7: 1 9 – 214.

Van Winkle, W. , C. C. Coutant, J. W. Elwood, S. G. Hildebrand, J. S. Mattice, and R. B. McLean. 1981. Comparative reservoir research at Oak Ridge National Laboratory. Pages 1432 – 1447 in H. G. Stefan, ed. Proceedings of the symposium on surface water impoundments. Am. Soc. Civil Engr. , New York, NY.

Vannote, R. L. , G. W. Minshall, K. W. Cummins, J. R. Sedell, and C. E. Cushing. 1980. The river continuum concept. Can. J. Fish. Aquat. Sci. 37: 130 – 137.

Vincent, W. F. 1979. Mechanisms of rapid photosynthetic adaptation in natural phytoplankton communities. I. Redistribution of excitation energy between photosystems 1 and II. J. Phycol. 15: 429 – 434.

Vincent, W. F. 1980a. Mechanisms of rapid photosynthetic adaptation in natural phytoplankton communities. II. Changes in photochemicel capacity as measured by DCMU – induced chlorophyll fluorescence. J. Phycol. 16: 568 – 577.

Vincent, W. F. 1980b. The physiological ecology of a Scenedesmus population in the hypolimnion of a hypertrophic pond. II. Heterotrophy. Br. Physol. J. 15: 35 – 41.

Vincent, W. F. and C. R. Goldman. 1980. Evidence for algal heterotrophy in Lake Tahoe, Califomia – Nevada. Limnol. Oceanogr. 25: 89 – 99.

Viner, A. B. 1970. Hydrobiology of Lake Volta, Ghana. II. Some observations on biological features associated with the morphology and water stratification. Hydrobiologia 35: 230 – 248.

Volkmar, R. D. 1972. Primary productivity in relation to chemical parameters in Cheat Lake, West Virginia. Proc. W. Va. Acad. Sci. 44: 14 – 22.

Vollenweider, R. A. 1975. Input – output models: With special reference to the phosphate loading concept in limnology. Schwiez. Zeit. fur Hydrol. 37: 53 – 84.

Vollenweider, R. A. 1976. Advances in defining criticalloading levels for phosphorus in lake eutrophication. Mem. Ist. Ital. Idrobiol. 33: 53 – 83.

Vollenweider, R. A. and J. J. Kerekes. 1980. Background and summary results of the OECD cooperative program on eutrophication. Pages 25 – 36 in Restoration of lakes and inland waters, U. S. Environmental Protection Agency, EPA 220 – 5 – 81 – 010.

Walsh, P. and L. Legendre. 1983. Photosynthesis of natural phytoplankton under high frequency light fluctuations simulating those induced by sea surface waves. Limnol. Oceanogr. 28: 688 – 697.

Ward, J. V. 1974. A temperature – stressed stream ecosystem below a hypolimnial release mountain reservoir. Arch. Hydrobiol. 74: 247 – 275.

Ward, J. V. 1976. Comparative limnology of differentially regulated sections of a Colorado mountain river. Arch. Hydrobiol. 78: 319 – 342.

Ward, J. V. and J. A. Stanford, eds. 1979. The ecology of regulated streams. Plenum Press, New York NY. 398 pp.

Ward, J. V. 1981. Tailwater biota: Ecological response to enviommental altemations. Pages 1516 – 1525 in H. G. Stefan, ed. Proc. symposium on surface water impoundments. Am. Soc. of Civ. Engineers. New York, NY.

Ward, J. V. and J. A. Stanford. 1983. The serial discontinuity concept of lotic ecosystems. Pages 29 – 42 in T. Fontaine and S. M. Bartell, eds. Dynamics of lotic ecosystems. Ann. Arbor Science.

Watson, S. and J. Kalff. 1981. Relationships between nannoplankton and lake trophic status. Can. J. Fish. Aquat. Sci. 38: 960 – 967.

Webster, J. R., M. E. Gurtz, J. J. Haines, J. L. Meyer, W. T. Swank, 1. B. Waide, and J. B. Wallace. 1983. Stability of stream ecosystems. Pages 355 – 395 in J. R. Bames and G. W. Minshall, eds. Stream ecology. Plenum Publishing Corp., New York, NY.

Westlake, D. F. 1980. Primary production. Pages 141 – 246 in E. D. LeCren and R. H. Lowe – McConnell, eds. The functioning of freshwater ecosystems. Cambridge Univ. Press, London.

Wetzel, R. G. 1983. Limnology. W. B. Saunders, Philadelphia, PA. 743 pp. Wetzel, R. G. 1975b. Primary production. Pages 230 – 247 in B. A. Whitton, ed. River ecology. Univ. Calif. Press., Berkeley, CA.

Wetzel, R. G. 1983. Limnology. Saunders, Philadelphia, PA.

White, M. M. 1981. Algal heterotrophy in a well – mixed, eutrophic reservoir. M. S. Thesis, University of Oklahoma, Norman, OK. 37 pp.

Williams, P. J. le B. 1981. Incorporation of microheterotrophic processes into the classical paradigm of the planktonic food web. Kieler Meeresforsch. 5: 1 – 28. Woods, P. F. 1981. Physical limnological factors suppressing phytoplankton productivity in Lake Koocanusa, Montana. Pages 1368 – 1377 in H. G. Stefan, ed. Proc., symposium on surface water impoundments. American Society of Civil Engineers, New York, NY.

Wright, J. C. 1958. The limnology of Canyon Ferry Reservoir. I. Phytoplankton-zooplanktonrelationships in the euphotic zone during September and October, 1956. Limnol. Oceanogr. 3: 150 – 159.

Wright, J. C. 1959. The limnology of Canyon Ferry Reservoir. II. Phytoplankton standing crop and primary productivity. Limnol. Oceanogr. 4: 235 – 245.

Wright, J. C. 1960. The limnology of Canyon Ferry Reservoir. III. Some observations on the density dependence of photosynthesis and its cause. Limnol. Oceanogr. 5: 356 – 361.

Wright, J. C. 1967. Effects of impoundments on productivity, water chemistry, and heat budgets of rivers. Pages 188 – 199 in Reservoir fishery resources. Spec. Publ., Am. Fish. Soc.,

Washington，DC.

Wright，J. C. 1954. The hydrobiology of Atwood Lake，a flood‑control reservoir. Ecol. 35：
305 – 316.

Young，W. C. ，H. H. Hannan，and J. W. Tatum. 1972. The physicochemical limnology of a
stretch of the Guadalupe River，Texas，with five mainstream impoundments. Hydrobiologia
40：297 – 319.

第7章 浮游动物生存的环境：水库

G. RICHARD MARZOLF

浮游生物（plankton）是指生活在湖泊和海洋开放水域中生物体的集合体。在1887年，这一专用词比较普遍使用，最初是由 Victor Hensen（Welch，1952）所创制。在今天，它是指随水流任意流动的生物体。"浮游动物"（zooplankton）一词是指上述集合体的动物组成部分。在淡水中的浮游动物是以节肢动物的甲壳类和袋形动物的轮虫类为主。

在自然湖泊稀少且河流是主要地表水为特征的地区，浮游动物被认为是稀有的，或难以寻觅的，它们充其量是动物群中的短命元素类型。这一观点已被学术界广泛接受（Hynes，1970）。在现实中，水生生态学家们可能并没有花太多时间去观察和搜集自由流动的小溪和河流中的这些生物体，这已是不争的事实。

Waters（1961、1962、1965、1966）曾调查过水中漂浮的动物群流，发现在这种动物群流中占主导地位的是无脊椎动物。难道在这种环境中是因为缺乏浮游动物或还是因为它们的体形大小而使我们忽视了这种浮游动物体的存在？它们似乎不应该被忽视，但这种可能性仍然存在。Chandler（1937）研究了湖泊下游河流中的浮游生物，发现湖中的浮游生物不能在湖下游溪流深处存活。Cowell（1967）收集从密苏里河水库流出的浮游动物，但没有记录到在河流下游中它们的生长命运。普通常识告诉人们，一种浮游动物群体要在河流或溪流的一个定点生存，必须能有水流的存在，以等于或大于在其下游的位移速率进行繁殖。但是，在缺乏证据的情况下，普通常识也会诱导人们得出浮游动物是不能寄居于流动水流的结论。

美国以及世界上很多国家河流的现状都大同小异，我们可能永远不会知道河流中浮游动物集合体生存的先决条件是什么。很多河流已被作为废物的处置地，越来越多的浮游动物陷入困境。今天，人们在控制废物排入河流方面做出了很大努力，但未来水坝建设的前景并不明朗。事实上，河流早已被筑坝所降服，这已成为不争的事实，它可以说明在很多以往根本没有浮游动物出现的地区出现非流动性栖息地。在本书的即将出版时，Saunders 和 Lewis（1989）撰文描述了委内瑞拉奥里诺科河静水浮游生物的发生情况。当与高流量河流相接触时，这些浮游生物群体生存的来源似乎为广阔的洪泛平原为主。然而，在低流量时段，这种接触通道为浮游动物提供了充足的避难区。

河流中浮游动物的存在仍然存在一些神秘感，人们可以偶尔观察到这种神秘。但我们讨论的重点是集中在河流筑坝蓄水的水库上；通过筑坝使水流暂时停顿下来；毫无疑问，这样浮游动物就能够以足够高的速度进行繁殖，以维持其种群的数量。但即使如此，水库中水体的滞留时间也是会变化的，这很可能会影响到浮游动物的命运。

在此所提供的水库生态系统的各种要素中，我们重点强调了水库和自然湖泊中各种生态事件的本质区别。人们已对自然湖泊中的生态状况进行了长期的研究。而水库有它十分不同的特点，有丰富的基本特质；它可以为研究水生生物的适应性提供新的不同方法。

7.1   水库和自然湖泊存在着差异，会对浮游动物产生重要影响

水库不同于天然湖泊，它可作为一种主要的河流蓄水系统（第六至第九阶），其中研究较多的是浮游动物。因此，人们对它的研究更为透彻（Kerfoot，1980）。水库和天然湖泊之间的差异对浮游动物有着重要意义。这些差异有：

1. 水库和天然湖泊两者都是地质学上新出现的水体。由于各种浮游动物种群是构成特色河流生态系统的一个组成部分，因此，在过去的 30 年中所构筑的蓄水体已经建立了各种新的静水生存环境。而且浮游动物在这些栖息生存地得到明显快速繁衍。这种快速繁衍过程本身是否影响水库中物种组成的快速变化？而且要比在天然湖泊中发生的时间更较长吗？

十多年来，一位学者（个人通信）观察了堪萨斯水库物种组成的变化情况。通过其观察，充分了解了水库蓄水后一年左右的时间内物种组成变化，但可惜的是没有进行很好的记载。如果这种物种组成变化速度加快，那么它的变化机制都是什么呢？

2. 水库汇水面积要比它的地表面积大得多，而且要比自然湖的相对汇水面积大许多。对于堪萨斯水库，其排水面积与湖泊排水面积的比率大于 500，而在密歇根的天然湖泊中这一比率约为 10（Marzolf，1984）。

3. 从水库汇水流域流入的水量是由河流蓄水的流量所决定。流入天然湖泊的水量往往从多个低级溪流流入，而这些溪流通常穿过水沼泽地带或广阔的潮汐三角洲地带之后，其水体才变成浮游动物的淡水栖息地。在经过潮汐三角洲地带的流动过程中，发生了过滤或交换现象，从而对水质产生重要影响，有着不同的重大意义。

4. 许多水库的库容量相对于河流排入的水量来说是比较小的，相对于风的

作用，其作用深度是很浅的。但在这一点上，在山区高坝后面的水库却有着明显的例外。

这些差异的共同影响导致了农业地区水库独有的特征。这些特征有：

1. 如果将排水区用于中耕作物农业，悬浮泥沙和黏土的输出则成为一种通用条件，这种通用条件不同于在暴雨径流时洪灾作用下的天然湖泊水质状况。大于 1.0 g/L 的悬沙浓度和小于 3cm 深度的透明度盘消失的情况并不少见。这种极端条件超出了许多湖泊学家所经历的情况；但对于这种极端条件很少有过报道。

2. 单一水体流入的优势导致了水库上游末端出现由河流输送的高浓度悬浮物质。当这些悬浮物沉积后沿水库纵向轴线形成一个储层梯度。这种储层梯度取决于水文情势（即季节）、最后一次暴雨径流冲击间隔，以及大坝水量输出情况。水库的浅层通常不会形成层理，可为水流的产生提供条件；而这些水流的流动可以充分维持水中的悬浮粒子；因此，在此种情况下水库常表现出混浊的状态。

3. 浊度往往足以限制浮游藻类生物的光合活性（Osborne，1972；Marzolf and Osborne，1971）。在混浊的水体条件下透光层是有限的，可能只会达到1m左右的水柱，且在没有分层的情况下，随着湍流混合，通常将藻类细胞带到深处，在那里没有足够光线为其提供生存环境。但这可以产生两个作用：一是藻类生物量在浑浊的水库中表现格外低；二是生存在此种条件下的藻类物种往往是兼性或专性自养生物。这些推测表明，光合作用在水库浑浊的蓄水体中对于生态系统过程具有还原作用，而且还表明混浊的水库为研究自然界中藻类代谢提供充足的依据。

浮游动物新栖息地的出现应与它们赖以生存的不同淡水条件相一致。特别是在美国大平原，水库环境的主要特征是有浊度以及纵向水质梯度的存在。混浊状况对浮游动物的营养、物种组成、垂直移动光刺激、脆弱视线依赖掠食动物及竞争力相互作用产生影响，这些因素都是在动物大家族和无处不在的动物群体的进化史中所出现的全新情况。水库环境中所出现的纵向梯度为生物提供了一系列颗粒资源，从而在很大程度上和大多数情况下，为水库中浮游动物种群密度、物种组成和繁殖性能的变化发挥着重要的作用。

7.2 如何建立资源梯度，这些资源梯度如何控制浮游动物的种群密度？

尽管证据不够多，但从逻辑上可以表明：各种水库资源在控制浮游动物密度和物种组成方面占有主导地位。但也不否认还有其他的可能控制机制。为此，学者 Zaret（1980）非常强调动物的捕食性所起的作用，而 Hall（1982）在这方面给予我们正确的提醒。Zaret（1980）是主张反对夸大因竞争造成的因果关系，并用相似的逻辑进行论证，但缺少更多的资料支持。其结果具有一定的启发意义，因为他的研究成果能够更加凸显这一问题。在此，在研究河流蓄水体中浮游动物的特定案例中，我们将这一问题重新提出并进行公开讨论。

其中一个关键的观点是认为生物个体与周围环境中各种要素存在着对立性的关系。个体生物与严酷的自然环境之间的对立关系不仅是存在的，而且是很普遍的。即使没有竞争者的存在，也存在着资源的限制。而只有当某些资源变得有限时，且出现另一使用者时，这一对手才被称为竞争者。其他资源使用者（竞争者）也可能是同一物种或不同物种的成员；它们之间可能有密切或较远的关系存在。

竞争排斥公理是沿袭了竞争强度与生物种群系统发育接近度的推论。这似乎是一种合理的进化逻辑，但是如果许多物种分散到一种环境中，且这种环境提供了一系列新的选择压力，那么这种逻辑并不能使人们得出这样的结论：竞争的强度与生物种群系统发育有关。然而，问题的关键是，竞争必须是为某部分的有效资源而竞争；要将竞争视为一种有组织的机质，则需要了解所需要的资源情况。

食肉动物也是一种竞争者，当它们捕食成功时，这种竞争效果更明显；而被掠食者将作为猎物被消灭。这一对立关系掌控并组织这一生物群体的存在，是体现其自然差异的一个维度。捕食在这类动物中肯定起到了不同的重要作用，也许这种捕食作用会随水库的资源梯度而变化，但浮游动物的资源应视为一种更合乎逻辑的出发点。下面着重讨论水库的特性如何控制颗粒物资源以及这些特征因素又是如何影响浮游动物的生存，而水库这些特性在其中所产生的效果是占主导地位的。

7.3　资源的性质

Nauwerck（1963）发现仅浮游植物本身并不能满足浮游动物种群对能量的需求。他将研究的注意力集中到有机碎腐质和细菌上。这些替代性食物资源已被证明是浮游动物营养的重要贡献者（Saunders，1969；Starkweather et al.，1979）；Marzolf 和 Arruda（1981）确定了水库条件下多种替代性食物资源。在这种水库资源条件下，浮游植物资源因水质的浊度而极有限地存在。有机碎腐质顺河流以溶解的颗粒部分进入水库内；这些溶解颗粒通常以更大的浓度存在，比其他普通情况要高出 20 倍。这已在自然湖泊、溪流（Wetzel and Rich，1973），以及海洋（Duursma，1960）和河流（Weber and Moore，1967）的研究中均有过报道。这些颗粒部分可直接有效地提供给滤食性动物，而被溶解的部分不能被有效利用。

在淡水体中，被溶解的有机质可作为滤食性浮游动物的食物仅得到最小的利用（Jorgenson，1966）。如果这些化合物变成微粒，则能被有效利用，同时，它们可能是悬浊液中碳的一个重要来源（Sanders，1958），但对这种机制存在的可能性还没有得到充分的验证（Robinson，1957）。在海水体中，溶解性有机物可以在气泡上形成有机聚集体（Riley，1963；Sutcliffe et al.，1963），可以被海洋生物卤虫充分过滤（Baylor and Sutcliffe，1963）。Buscemi和Puffer（1975）研究证明了碎腐屑聚集体可在碳酸钙颗粒上产生，随后被象鼻溞（Bosmina）摄入。Marzolf（1981）研究表明，溶解的氨基酸（采用放射性硫标记的胸腺嘧啶核苷）可以吸附在黏土颗粒上，被水蚤摄入，随后被动物脱泥、吸收掉。

至今还未清楚的是，被溶解的有机物是否能通过这种机制为自然界中浮游动物提供营养，以维持它们的新陈代谢、生长和繁殖呢？对于这些浮游动物来说，外来溶解的有机物的营养质量很可能是可变的，而且在某些情况下是不适宜的，因为这些外来物是从陆地环境中有机物分解后的残渣，其营养并不丰富。

然而，由细菌所溶解的有机底物的利用提供了另外一种机制。在这种机制中，被溶解的有机物质能够提供给过滤食性动物，但这一机制的细节仍有待于证实。很清楚的是，黏土颗粒的存在会提高一些细菌的活性（Jannasch and Pritchard，1972；Paerl and Goldman，1972；Goldman and Kimmel，1978）。淤泥和黏土颗粒、溶解的有机物质和细菌的相互作用提供了一种可用的食物来源，而且这种来源可以是异地性的（外来的）。如果是这样，这些因素相互作用，能够将水库作用过程与集水流域的河岸植被及土地利用联系起来，从而成为浮游动物生存的一个重要途径。

关于含叶绿素颗粒资源可用性的另一个评论是基于浮游动物对资源的利用。在中西部河流中叶绿素的浓度十分重要（50～100mg/m³）。这一浓度是与上游湿润溪流的周长成正比例（Swanson and Bachman，1977）。据推测，底栖藻类的产生是细胞的重要来源；这种来源不断被河流侵蚀、运输和转移。Taylor（1975）发现在转移、运输中藻类的光合速率类似于那些在堪萨斯河中底栖藻类成分的光合速率。研究的结果是，在该地区中西部水库流入端往往有最高的叶绿素浓度。在这些浑浊的蓄水体中，有着较低的光合速率，这是因为水库中的水体要比河流中的水体要深许多，从而使活性细胞在无光的水体深处混合（Osborne，1972）。河流藻类对此类蓄水体所产生的影响，但在通过水库后很大一部分并没有保存下来（Soballe and Bachmann，1984）。

7.4　悬浮沉积物对浮游动物摄食率和存活率的影响

Arruda（1980）和 Arruda 等人（1983）撰文描述了他们所做的可控实验室实验。在实验中，他们使用的沉积物和枝角类生物是来自塔特尔溪水库（Tuttle Creek Reservoir）。它位于堪萨斯州东北部大布卢河，是一座水质混浊的水库。他们的实验达到三个目标：①评估了悬浊性黏土影响水蚤类动物对藻类的摄食和吸收的程度；②在不同浓度下测量了两种规格的悬浮泥沙颗粒的摄食率；③测量了以悬浮沉积物为生的水蚤随溶解有机物变化而生长和存活的情况。

主要的实验结果有：

（1）增加沉积物浓度会降低水蚤（Daphnia pulex 和 Daphnia parvula）对小球藻（Chlorella vulgaris）的摄取率、清除率和吸收率。在两种物种中，在悬浮沉积物浓度为 100mg/L 时，对藻类的吸收率会降低 85％。这意味着，在塔特尔溪水库的悬浊沉积物浓度低至 50mg/L 时可以降低水蚤（Daphnia pulex 和 Daphnia parvula）对碳资源的利用率，使其处于饥饿水平（Lampert，1977）。

（2）确定了三种水蚤 Daphnia parvula、Daphnia pulex 和 Daphnia similis 对细、粗黏土颗粒（平均直径分别为 1.88μm 和 4.65μm）的摄入和清除率，取决于黏土颗粒粒径、粒体及水蚤的种群类别。种间和种内对这些颗粒的摄入能力表现出明显的差异；这种差异表明，如果吸附在黏土表面的有机物成为一种重要的食物资源，那么粒径分布可能严重影响食物资源的可利用性。小的颗粒具有较大的比表面积，很容易被吸附利用，并且更容易保持在悬浮液。很明显，摄取小颗粒的能力非常重要，可以最大限度地利用一切可能的食物资源。

（3）吸附到黏土颗粒的溶解性有机蛋白可以被水蚤 *Daphnia pulex* 和 *Daphnia parvula* 的同类所利用。水蚤 *Daphnia pulex* 会比食用清洁悬浮沉积物的姐妹们生长的寿命更长，生长的更大。它们比食用酵母悬浮液的对照水蚤寿命更长，但体积会更小。食用酵母或变化沉积物的水蚤 *Daphnia pulex* 生长的大小及寿命基本相同，但这一表现要优于喂洁净沉积物的同类。这些实验是在细菌生长的最小影响下进行的，因为在蛋白质改性处理中并不能完全抑制这些细菌的影响。这些实验结果表明了溶解性有机质、黏土颗粒和水蚤之间的关系。然而，在这些实验中食物处于低水平，繁殖率也不显著。对于自然溶解的有机物质作为食物资源，是否可以体现出其重要意义还有待观察。

Shuman（未公开发表的数据）在塔特尔溪水库中沿着浊度梯度测量了饲养室中水蚤对悬浮沉积物颗粒的摄食率（Haney，1971）。他发现在滤食性浮游动物的物种之间的捕食率各有不同。更重要的是，他发现沿水库的纵轴线，摄食率随在悬浮沉积物的浓度从 $2 \times 10^6 \sim 1.4 \times 10^6$ particle/mL 发生变化，并呈正比例变化。

7.5 水库浮游动物分布的资源模型

通过综合水库中浮游动物存在的相关信息，可以生成一种模式。这种模式可以将水库类比于化学工程，在这工程中水库成为连续水体流动的处理器。在这种"处理器"中，所涉及的处理工艺过程包括物理（吸附和沉降）和生物两个过程；从汇水流域输入到水库的物质发生变化，之后通过大坝流出构筑物从水库流出的水体，其水质出现明显不同。而各种天然湖泊更类似于这种批量的水体处理器。

尽管 Lewis（1980）最近在热带 Lanao 湖中已经触及了这一难题，但对于湖泊中浮游动物种群的水平分布（斑块）情况还未得到很好的了解。在塔特尔溪水库中所观察到的水库浮游动物的水平分布情况见图 7-1（e）（Taylor，1971）。这种分布模式分别描述了枝角目类 Daphnia、Diaphanosoma 和 Bosmina 水蚤的分布，以及桡足类属镖水蚤（Diaptomus）和剑水蚤（Cyclops）的分布情况。这种分布模式是普遍的，很可能是受到由来自河流而进入到水库的资源驱动的结果，因为它们被微生物群所代谢，并被浮游动物所摄入。蓄水体的水动力对这些分布模式产生了重要的影响。

图 7-1（a）中水库的断面曲线是来自测深数据，它体现了一条狭窄而又浅的河流变为较宽而更深的河流，从而实现蓄水目的。曲线的形状取决于三角洲沉积物的性质和水库的年代。之后是水流速度曲线，因为与通过大断面相比，对于给定体积的水流量，必须以更快的流速通过小截面。请注意，具有小横断面（河流条件）水库的水体将有短暂的停留时间和快的周转时间；反之，在大横断面（蓄水条件）的水库的水体具有较长的停留时间，周转时间也减少。

如果仅水流流速和水周转时间可控的，那么图 7-1（b）的模式描述的是浮游动物种群密度的纵向模式。在河流条件下，下游的位移速度超过了浮游动物的繁殖率。在某些时候，由于水体被滞留，浮游动物的生育率也至少会达到维持种群的程度。对这种"浮游动物锋"，如果对其仔细研究，无疑会发现在上游和下游出现波动，而物种会随着资源的变化而衰退，表现出一种湖泊极光现象。

图 7-1（c）为水体物质从河流流入水库的假设模式，以及它们向大坝移动时的最终结果。随着颗粒速度的降低和承载能力的下降，下游颗粒物质的沉降量减小。吸附在这些颗粒上的营养物（污染物）通过这一机制输送到沉积物中。小颗粒被风产生的波动水流或者仅仅是由于它们的胶体性质而悬浮于水中。从河流输送水库的藻类因光利用的局限、沉淀和浮游动物吸食而遭受损失（如 Soballe and Bachmann，1984）。在图 7-1（c）中可能观察到细菌的分布，但这种

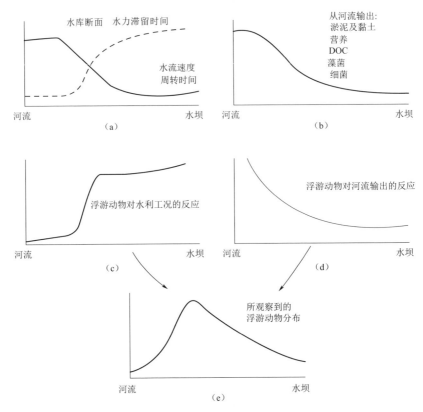

图 7 - 1 沿着蓄水体纵轴发展的几种趋势，（e）为所观察的浮游动物分布的综合结果

分布肯定不是很清楚。

图 7 - 1（d）为浮游动物种群密度的模式；这种情况只有当图 7 - 1（b）中所示的水力效应不正常时才出现。滤食性生物会对食物资源数量或质量的变化产生反应，其具体表现为其繁殖性能的变化。其结果是浮游动物种群的增长与食物的来源，以及河流及其集水区的外来资源一致。Vannote 等人（1980）讨论了流动水流中细颗粒有机物的来源问题。他们的理论架构与"资源是从河流输入水库"的观点相一致。

图 7 - 1（b）和（d）中的曲线合成图 7 - 1（e）中的曲线，从中反映出所观察到的浮游动物分布情况；这一分布情况是令人安慰的，但它所表明的动物分布情况，首先可以推动人们的思维过程，以获取有益的信息。按照逻辑推断，如果所提出的模型是正确的，应该一定会产生这样的分布；所观察到的群体分布符合该模型的预测，但这一事实并不能充分证明它的真实性。这仍需要设计和完成一些实验，为这一观点提供或多或少的可信度。

目前，人们对于浮游动物能过滤和摄食的食物粒径大小仍然未知，滤食性动物摄食时对食物颗粒的识别能力也不清楚，而溶解性有机质的质量及其对水库微生物种群的影响也是未知的。因此，需要更好地了解这些资源在浮游动物营养中的作用以及浮游动物在控制这些水质变量方面的相互作用。这些知识对于了解生物过程控制水质的机理是至关重要的。

7.6 致谢

Ed LaRow、Mel Taylor、Joe Schwartz、Don Dufford、Joe Cramer、Mike Novak、John Osborne、Tom Horst、Mitch Taylor、John Shuman、Robin Faulk、Ken Kemp 及 Steve Fretwell 曾多次并以多种方式促成了上述这些研究观点、理论的形成。Joe Arruda 近期对本文做了精心的组织，并在参加大平原湖沼学协会会议时与本书的其他作者和同事展开讨论；特别是 Roger Bachmann、Dale Toetz 和 Troy Dorris，他们不断提供了一些新材料。堪萨斯州立大学农业实验站为本研究提供了设施和支持，国家科学基金会也提供了大力支持，在此一并感谢！

参考文献

Arruda，J. A. 1980. Some effects of suspended silts and clays on the feeding of *Daphnia spp*. from Tuttle Creek Reservoir. Ph. D. Thesis，Kansas State University，Manhattan，KS.

Arruda，J. A.，G. R. Marzolf，and R. T. Faulk. 1983. The role of suspended sediments in the nutrition of zooplankton in turbid reservoirs. *Ecology* 64：1225 – 1235.

Baylor，E. R. and W. H. Sutcliffe，Jr. 1963. Dissolved organic matter in sea water as a source of particulate food. *Limnol. Oceanogr.* 8：369 – 371.

Buscemi，P. A. and J. H. Puffer. 1975. Chemotrophic attributes of detritalaggregates in a New Mexico alkaline reservoir. *Verh. Verein. Int. Limnol.* 19：358 – 366.

Chandler，D. C. 1937. The fate of typical lake plankton in streams. *Ecol. Monogr.* 7：445 – 479.

Cowell，B. C. 1967. The copepoda and cladocera of a Missouri River Reservoir：A comparison of sampling in the reservoir and the discharge. *Limnol. Oceanogr*，12：125 – 136.

Duursma，E. K. 1960. Dissolved organic carbon，nitrogen，and phosphorus in the sea. *Neth. Sea Res.* 1：1.

Goldman，C. R. and B. Kimmel. 1978. Biological processes associated with suspended sediment and detritus in lakes and reservoirs. In J. Cairns，E. F. Benfield，and J. R. Webster，eds. Current perspectives on river reservoirecosystems. North American Benthological Society，Publication No. 1.

Hall, D. J. 1982. Review. *Limnol. Oceanogr.* 27: 391 – 393.

Haney, J. F. 1971. An *in situ* method for measurement of zooplankton grazing rates. *Limnol. Oceanogr.* 13: 476 – 484.

Hynes, H. B. N. 1970. The ecology of running waters. University of Toronto Press, Toronto, Canada. 555 pp.

Jannasch, H. W. and P. H. Pritchard, 1972. The role of inert particulate matter in the activity of aquatic microorganisms, *Mem. Ist. Ital. Idrobiol. Suppl.* 29: 289 – 308.

Jorgenson, C. B. 1966. Biology of suspension feeding. Pergammon Press, NewYork, NY. 313 pp.

Kerfoot, W. C. , ed. 1980. Evolution and ecology of zooplankton communities. University of New England Press, Hanover, NH. 793 pp.

Lampert, W. 1977. Studies on the carbon balance of *Daphnia pulex* as related toenvironmental conditions. IV. Determination of the "threshold" concentrationas a factor controlling the abundance of zooplankton species. *Arch. Hydrobiol. Suppl.* 48: 361 – 368.

Lewis, W. M. 1980. Evidence for stable zooplankton community structure gradients maintained by predation. Pages 625 – 634 in W. C. Kerfoot, ed. Evolution of ecology and zooplankton communities, University of New EnglandPress, Hanover, NH.

Marzolf, G. R. 1981. Some aspects of zooplankton existence in surface waterimpoundments. Pages 1342 – 1388 in H. Stefan, ed. Proceedings of the symposium on surface water impoundments. Amer. Soc. Civil Engr. Minneapolis, MN.

Marzolf, G. R. 1984. Reservoirs in the great plains of North America. In F. B. Taub, ed. Lake and reservoir ecosystems. Elsevier Sci. Publ. Co. Amsterdam.

Marzolf, G. R. and J. A. Arruda. 1980. Roles of materials exported by rivers intoreservoirs in the nutrition of cladoceran zooplankton. Pages 53 – 58 in Restoration of lakes and inland waters. EPA 440/5 – 81– 010, United States Environmen-tal Protection Agency.

Marzolf, G. R. and J. A. Osborne. 1972. Primary production in a Great Plains Reservoir, *Verh. Ver. Int. Limnol.* 18: 126 – 133.

Nauwerck, A. 1963. Die Beziehungen zwischen zooplankton und phytoplankton. *See Erken. Symb. Bot. Uppsala.* 17: 1 – 163.

Osborne, J. A. 1972. The application of a photosynthetic model for turbidreservoirs: A field investigation. Ph. D. Thesis, Kansas State University, Manhattan, KS.

Paerl, H. W. and C. R. Goldman. 1972. Stimulation of heterotrophic and autotrophic activities of a planktonic microbial community by siltation at lake Tahoe, California, *Mem. Ist. Ital. Idrobiol. Suppl.* 29: 129 – 147.

Riley, J. A. 1963. Organc aggregates in seawater and the dynamics of their formation and utilization. *Limnology and Oceanogr.* 8: 372 – 381.

Robinson, M. 1957. The effects of suspended materials on the reproductive rate of *Daphnia magna. Publ. Inst. Mar. Sci.* 4: 265 – 277.

Sanders, H. L. 1958. Benthics studies in Buzzards Bay, I. Animal-sedimentrelationships. *Limnol. Oceanogr.* 3: 245 – 258.

Saunders, G. W. 1969. Some aspects of feeding in zooplankton. Pages 556 – 573 inEutrophication: Causes, consequences, and correctives. National Academy of Sciences, Washington, DC.

Saunders, J. F., Ⅲ and W. M. Lewis. 1989. Zooplankton abundance in the lowerOrinoco River, Venezuela. *Limnology and Oceanography* 34 (2): 397 – 409.

Soballe, D. M. and R. W. Bachmann. 1984. Influence of reservoir transit onriverine algal transport and abundance. *Canadian Journal of Fisheries and Aquatic Sciences* 41: 1803 – 1813.

Starkweather, P. L., J. J. Gilbert, and T. M. Frost. 1979. Bacterial feeding by therotifer, *Brachionus calycifiorus* clearance and ingestion rates, behavior andpopulation dynamics. *Oecologia* 44: 26 – 30.

Sutcliffe, W. H., JT., E. R. Baylor, and D. W. Menzel. 1963. Sea surfacechemistry and Langmuir circulation. *Deep Sea Research* 10: 233 – 243.

Swanson, C. D. and R. W. Bachman 1976. A model of algal exports in Towastreams. *Ecology* 57: 1076 – 1080.

Taylor, M. K. 1975. Photosynthesis in the Kansas River. Kansas State University, Manhattan, KS.

Taylor M. W. 1971. Zooplankton ecology of a Great Plains Reservoir. M. S. Thesis, Kansas State University, Manhattan, KS.

Waters, T. F. 1961. Standing crop and drift of stream bottom organisms: *Ecology* 42: 532 – 537.

Waters, T. F. 1962. Diurnal periodicity in the drift of stream invertebrates. *Ecology* 43: 316 – 320.

Waters, T. F. 1965. Interpretation of invertebrate drift in streams, *Ecology* 46: 327 – 334.

Waters, T. F. 1966. Production rate, population density, and drift. of a streaminvertebrate. *Ecology* 47: 595 – 604.

Weber, C. I. and D. R. Moore. 1967. Phytoplankton seston and dissolved organicmatter in the Little Miami River at Cincinnati, Ohio. *Limnol. Oceanogr.* 12: 311 – 318.

Welch, P. S. 1952. Limnology. McGraw-Iill, New York, NY. 538 pp.

Wetzel, R. G. and P. H. Rich. 1973. Carbon in freshwater systems. In G. M. Woodwell and E. V. Pecan, eds. Carbon and the biosphere. Proc. Brookhaven Symposium in Biology. 24 pp.

Vannote, R. L., G. W. Minshall, K. W. Cummins, J. R. Sedell, and C. R. Cushing. 1980. The river continuum concept. *Can. J. Fish. Aquat. Sci.* 37: 130 – 137.

Zaret, T. M. 1980. Predation and freshwater communities. Yale University Press, New Haven, CT. 187 pp.

第8章 水库湖沼学中的鱼类视角

W. JOHN O'BRIEN

大量水库已经建设在北美天然湖泊稀少的地区。如果没有这些水库的蓄水，这些地区几乎没有供给休闲娱乐的存水，而且所有径流直接流入小溪和河流，将会引发更危险的洪水。在北美，冰川常形成大大小小的天然湖泊，因此水库往往建设于近期没有冰川运动的中西部、东南部和西南部等地区。例如，俄克拉何马州已建成平均水位下面积超过 500 英亩的水库 67 座，总面积达 557000 英亩，而明尼苏达州仅有 12 座大型水库，总面积为 62000 英亩（Ploskey and Jenkins，1980）。

水库的地理分布从自然上很大程度影响着其中的生物。很多水深较浅的水库多见于温暖气候地区。这种组合关系几乎决定了多数温水鱼类的种群结构，例如常常包括太阳鱼科、北美鲶科和很多鲤科鱼类，但不包括多数的冷水鱼类，如大马哈鱼、鲑鳟鱼、白鲑鱼等。与纬度相近地区的天然湖泊相比，水库中鱼类的种群组成并没有显著不同。

尽管水库和天然湖泊中鱼类的种群组成相似，但在个别种的种群密度分布上常有所不同。这些不同一定程度上与水库放养鱼种有关。几乎每座不同大小的水库最初都放养了一些利于垂钓的鱼种，或是这些垂钓鱼种的饵料鱼种。

放养的垂钓鱼类通常有大嘴鲈鱼、白鲈、大眼狮鲈、扁头鳅、斑点叉尾鲴、莓鲈等，还有一些外来种，如条纹鲈（一种海洋鱼类）等。此外，放养的鱼种还有提供给大型食鱼性垂钓鱼类的饵料。理想的饵料鱼种应具有繁殖力旺盛、种群增长稳定、易受捕食、有效、无害等特征（Ney，1981）。显然，单一鱼种难以具备上述所有特性。

最广泛放养的饵料鱼类是蓝鳃太阳鱼，其他不同太阳鱼也在拦蓄河流中作为饵料鱼类放养或自然生长，最终会进入水库。由于渔民养殖较为容易，各种鲤科稚鱼也常被作为饵料鱼放养，包括金体美鳊和胖头鲤等。尽管鱼类生物学家对美洲真鲦作为饵料鱼进行养殖的价值看法不一，美洲真鲦和马鲅鲱鱼也是很常见的养殖鱼。当水库水温降至 5℃ 或者结冰时，马鲅鲱鱼将不能存活，来年需重新养殖（Griffith，1978）。一些鱼类生物学家利用这一事实选择养殖马鲅鲱鱼而不是美洲真鲦，因为美洲真鲦最终会长到相当大的尺寸而不能作为垂钓鱼类的饵料，而马鲅鲱鱼在一年内不会长到如此大的尺寸，可以作为垂钓鱼类食用。大眼鲱、蓝背西鲱、虹香鱼的放养仅限于北美东南部靠近海岸的水库。

正如前面章节强调的，水库具有一些与天然湖泊不同的化学和物理特性。但在这两种水体中，鱼类群落却常常十分相似。因此尽管湖泊和水库之前存在一些差异，水库提供了很多温水鱼所需的重要生境要素。这些生境要素是什么还需要充分的探讨和研究，但是其中一些普遍的特征已被认识。为了维持鱼类生长繁殖，任何水体必须提供相应栖息地来满足鱼类化学和物理方面的需求。当鱼类不能在蓄水水体中存活时，常常是因为缺乏适合的水温和（或）溶解氧、缺乏栖息地多样性、不适合的产卵场、在某个生命周期特定的阶段缺乏足够的捕食，或者缺乏躲避捕食者的避难所。

8.1 成功产卵的影响因素

水位变化和基质组成。对于筑巢鱼类或卵需要附着于特殊基质的鱼类，多年来已清楚认识到基质的自然属性是其能否成功产卵的重要因素。一些修建于古老、高度风化地貌中的水库，河床基底破碎、条件较差，不能满足需要稳定基质的大眼狮鲈等鱼类产卵。很早以前已经认识到水中植物对莓鲈产卵的重要性（Hansen，1951）。植物对太阳鱼、黄鲈、大口牛胭脂鱼等其他鱼类也十分必要，并能增强产卵成功率（Johnson，1963）。土壤类型、波浪作用、松散的岸线和高水平的浊度往往阻止了大量近岸带植被的发育，因此有这些特征的水库不能给依赖植被繁殖的鱼类提供较好的产卵条件。

水库的一个共同特点是水位波动很大。这对多数在春季产卵的温水鱼既有积极的也有消极的影响。因为大部分的砾石河床裸露在近岸带几米高的范围，波浪冲刷使得这部分砾石河床没有淤积，水位下降很可能只留下一些不适合产卵的淤泥区。水位下降也会减少可供产卵附着的植物数量，尤其是在一些浑浊的水库，大型植物生长所需的光线可能只穿透顶部几米。

水位上升则有相反的效果。在美国中西部和东南部地区，春季多雨，水位上升是常见现象。当水库蓄水、洪水淹没植被或处于多年高水位时，产卵成功率会增加（Martin et al.，1981；Walburg，1977；Martin and Campbell，1953；Shirley and Andrews，1977）。高水位有时淹没岸边植被，并且侵蚀库岸线，淹没岸边砾石区域，从而提供鱼类产卵所需的基质多样性。

泥沙淤积。我们关注的流域区域主要是由细沙和黏土组成，因此水库的特性常表现为中度到重度浊度且泥沙淤积。泥沙淤积会增加鱼卵的死亡率，从而降低产卵的成功率（Ploskey，1981）。当北梭鱼的鱼卵以 1mm/天的淤积率被泥沙覆盖时，其存活率只有 3%（Hassler，1970）。

近岸植被和结构。正如前面所述，很多天然湖泊和水库之间的主要区别在于水库具有非结构化的岸线和近岸带，以及稀疏的岸边植被。结构对于各种筑巢鱼类而言十分重要。大嘴鲈鱼很少在细沙和淤泥处筑巢，而是选择在大块岩石或岩壁附近筑巢（Allan and Romero，1975）。Kramer and Smith（1962）发现几乎所有的大嘴鲈鱼在明尼苏达州的乔治湖筑巢，筑巢位置多位于大型水生植物处，而黑莓鲈几乎总在水生植物底部产卵（Ginnelly，1971）。

水生植物常为鱼卵提供良好的附着基质，同时鱼卵附着于植物的内部或表面，也保护其免受波浪的冲刷和侵蚀。附近结构的影响还不太清楚，但毋庸置疑的是，附近有利的结构将会使鱼巢对捕食者的防御更为有效（Vogele，1975）。有人试图在水库中搭建人工覆盖物为鱼类产卵创造适当结构条件，但成败参半（Clady and Summerfelt，1979）。

8.2　仔鱼和稚鱼存活的影响因素

食物获取。仔鱼的存活主要依赖于获取食物和避免捕食。在鱼类利用卵黄囊发育到初始摄食浮游动物期间存在一个关键的时期，这一观点由来已久（Fabre‐Domerque and Bietrix，1897）。几乎所有的仔鱼都摄食浮游动物。由于仔鱼阶段鱼的体形很小，它们早期摄食可能受到开口大小的限制（Zaret，1981）。也就是说，仔鱼只能摄食微小的浮游动物。因此，鱼类早期生长和存活可能取决于小型水蚤和轮虫的密度。初始摄食的开口限制时期很短。Hunter（1979）发现，海洋鱼类可以在孵化后三周内摄食环境中所有大小体形的浮游动物。Hansen 和 Wahl（1981）发现，一旦黄鲈体长达 3cm，它们就可以摄食最大的蚤状溞（2.2mm）（见图 8‐1）。

捕食。相比摄食，仔鱼的存活受捕食的影响可能更大。非常小的仔鱼很容易受到湖泊和水库中其他捕食者的攻击。不仅视觉摄食的鱼类，还有其他如食肉桡足类的捕食者，都会对仔鱼密度产生很大影响。研究发现广布中剑水蚤和矮小刺剑水蚤会攻击西鲱仔鱼（Nikolsky，1963），很多其他剑水蚤会攻击和捕食香鱼仔鱼（Lillelund，1967）。

保护覆盖物，例如水生植物，对减小仔鱼被其他鱼类捕食尤为重要。Savino 和 Stein（1982）模拟研究表明，当沉水植物密度增加到 250 株/m² ，大嘴鲈鱼对蓝腮太阳鱼的捕食成功率将显著下降。任何减少植被覆盖度的因素，例如水质浑浊和波浪作用，都会相应减小仔鱼的存活率。水位下降导致水中植物裸露对仔鱼将是灾难性的。Aggus 和 Elliot（1975）发现，在布尔肖尔斯湖，当岸边植被淹没时，大嘴鲈鱼的仔鱼存活率增加。

结构的复杂度，尤其是为仔鱼和稚鱼提供避难所的水生植物，也可以减少

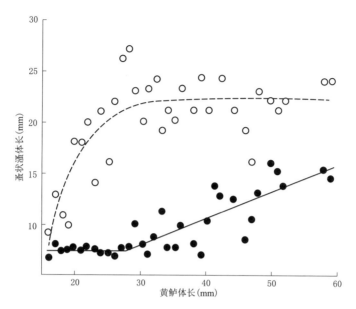

图 8-1　纽约奥奈达湖中黄鲈体长和摄食的蚤状溞中位体长（实心圆）与最大体长
（空心圆）的关系。实线是蚤状溞中位体长和黄鲈体长的样条回归线。
虚线是描述黄鲈胃里蚤状溞最大长度的渐近曲线
（在 Hansen and Wahl，1981 之后）

食肉鱼类对稚鱼的捕食（Cooper and Crowder，1979）。Colle 和 Shireman（1980）
发现，在佛罗里达州的多个湖泊中，当大型沉水植物减少时，大嘴鲈鱼、红耳
鳞鳃太阳鱼和蓝腮太阳鱼的肥满度大幅增加。因此，鱼类生物学家遇到了一个
困惑，即水中植物将增加饵料鱼的存活率，但最终却减少垂钓鱼类的产量。鱼
类生物学家利用这一特点，在夏末和秋初时期，降低水库水位，使水中植物裸
露，迫使饵料鱼类的仔鱼无处躲藏，而垂钓鱼类则可以更容易捕食（Keith，
1975）。Heman（1965）发现中等和较大体形的大嘴鲈鱼在库水位下降后生长得
更好。然而，夏季库水位下降可能导致多数鱼种的仔鱼大量死亡（Noble，
1981）。

8.3　鱼类摄食的影响因素

　　生物学家早就认识到，摄食的速度和方式对所有动物都至关重要。正如 Fa-
bre（1913）所说，"从最小到最大的动物进化，胃影响着世界，食物所提供的数
据是所有生命文档中最重要的"。鱼类更是如此。多年来大量的研究都致力于探
讨鱼的饮食结构和摄食率。Ivlev（1961）是最早准确量化鱼类摄食组成的生物学

家之一。他指出了两个需要解决的主要因素：鱼对各种捕食对象的偏好以及鱼的捕食能力。在鱼类摄食的野外研究中，后一点经常被忽视，因为在湖泊或水库中很难匹配鱼的位置和捕食对象的时间和位置。

然而，应用 Ivlev 的公式，任何考虑水体中鱼类摄食生态学都必须首先定位鱼在湖中的位置，这很大程度上决定了鱼可捕食的物种和类型。在湖泊和水库中，鱼类的分布已通过各种技术手段被广泛研究。但是，这些常用的技术都有其局限性，不太适合用于鱼类摄食的研究。例如，很多类型的张网、刺网和拖网设施，都是在鱼看不到它们的夜间使用效果最好，有的则只能在夜间使用。但是很多鱼类是在白天或者微光下摄食的，这些采样技术不能确定鱼在摄食时的位置。

水库内鱼的分布。尽管目前使用的采样方法具有局限性，但关于水库中鱼类常规位置的大量信息是可以获取的。垂向悬挂的刺网置于表层和中层拖网中，证明水库中主要的表层鱼类是美洲真鰶、马鲅鲱鱼、白莓鲈和黑莓鲈，其他常见的表层鱼是黄鲈和大眼狮鲈。除了小型的黑莓鲈和白莓鲈外，在大型水库的表层很少发现太阳鱼。底层拖网经常捕到各种鲶鱼、鲤鱼、鲤形亚口鱼和牛胭脂鱼。张网若走线拉至远离岸边较远的地方，则可以捕获上述的一些表层鱼种，但也会捕获几乎所有沿岸的太阳鱼和很多鲤科稚鱼。

所有这些方法在研究鱼类摄食方面都具有局限性。拖网和围网用于捕捞大面积水域的鱼，刺网和张网用于长时间捕捞。在这两种情况下，都不能获取鱼类微生境分布的详细信息。

其他采样方法也应用于各种研究目的，但一般都不能揭示鱼类在白天或者摄食时的分布。电击是一种非常有效的捕鱼方法，但是仅局限于水库表层几米，一般在夜间最有效。声呐采样已经比较成熟，但通常不能确定鱼的大小和种类。声呐采样不能在浅水或者杂草丛生的区域发挥作用，而那些地方往往有很多鱼。

目前所知道的关于温水鱼的微分布来自北部清澈湖泊的一些潜水研究。Werner 等人（1977）在春季和秋季直接观察太阳鱼、黄鲈和美鳊等 8 种温水鱼的分布，发现这些鱼类在春季的栖息地分隔比夏季少，但夏季鱼类分布则十分一致。绿太阳鱼几乎总是在近岸区，黑莓鲈则总是在开阔水域。大嘴鲈鱼和蓝鳃太阳鱼在岸边和开阔水域都能发现，但在近岸水域则很少。在很多水库中，相同的鱼种都存在非常类似的分布，但几乎没有直接证据。在水库中应用拖网、张网和围网所发现的鱼类分布区域通常与这些更为精确的分布信息相矛盾。

水库鱼类摄食。生活在湖泊和水库开阔水域的鱼类主要摄食浮游动物，有些也摄食浮游植物，沿岸鱼类则可以从更多样化的对象中选择摄食，例如陆生昆虫、水生大型植物、底栖无脊椎动物和饵料鱼。尽管一些小池塘中陆生昆虫占鱼类食物总量水平的比例微乎其微，但在夏季岸线区域，陆生昆虫可能是鱼类特别是绿太阳鱼的重要食物来源。

在湖泊或水库表层的浮游动物是鱼类可获取潜在生物量的绝大多数。几乎所有的鱼类在仔鱼期和稚鱼期以浮游动物为食，但因为浮游动物是较小且分散的食物，只有一些食浮游生物的鱼类在全生命周期里均以浮游动物为食。研究显示，黑莓鲈和白莓鲈在体长达到12～16cm前，主要以浮游动物为食，对应的时间大概为第2到第3年，这段时期内它们的分布更靠岸边，同时也以底栖生物和其他饵料鱼为食。美洲真鲱也是表层鱼类，在上述相同的尺寸内，以浮游动物和较大的浮游植物为食。Drenner等人（1982）研究显示，美洲真鲱是通过向口腔内抽吸或吞咽水并通过很细小的鳃耙（鳃耙平均间距为80～100mm）过滤来摄食。这是美洲真鲱在稚鱼阶段后摄食的主要模式，研究显示一些表层的白鲑鱼也会有相同的摄食行为（Janssen，1976）。在很多南方水库中，多种以节肢浮游生物为食的鱼类在表层水域中也以浮游动物为食。

水生大型植物几乎不被任何湖栖生物食用，也很难被北美本地鱼类食用。只有在秋季植物死亡后，叶和茎才开始腐烂，水生杂食动物，如鲤鱼和牛胭脂鱼，可利用大型植物初始产生的能量。一种外来鱼——草鱼，会经常狼吞虎咽地摄食大型水生植物。草鱼在美国南部地区广泛引进（Guillory and Gasamay，1978），尽管这种摄食类型的许多潜在影响还未完全明确。

在很多自然湖泊中，鱼类的主要食物来源是栖息于湖底或者岸边植被处的各种底栖无脊椎动物、蜗牛和水生昆虫。大多数沿岸鱼类都是以这些食物资源为食。沿岸太阳鱼在某种程度上利用这些食物资源，而一些物种则几乎完全依靠这些食物资源。大嘴鲈鱼在体长长至6～10cm之前主要以底栖生物为食。

渔民和鱼类生物学家最感兴趣的是那些以其他鱼类为食的鱼类。大嘴鲈鱼是分布较为广泛的食鱼鱼类，其他食鱼鱼类还包括大眼狮鲈、白鲈、体形较大的白莓鲈和黑莓鲈。大嘴鲈鱼和莓鲈大部分在近岸区摄食。美洲真鲱被认为是表层鱼类，而大嘴鲈鱼是沿岸鱼类，美洲真鲱在水库中可能占据大嘴鲈鱼食物组成的50%～80%。目前还不清楚鲈鱼是否会去开阔水域表层捕食鲱鱼，或者鲈鱼是不是偶然性捕食，还是固定捕食一部分游近岸边的鲱鱼。这种对鲱鱼的强烈选择与大嘴鲈鱼能够较好进食软鳍条鱼有关，相对而言，太阳鱼等棘鳍鱼就难以进食。由于鲱鱼经常发育至高密度大体形群体，导致鲈鱼无法对其捕食，同时也会干扰其他鱼种的产量，这就会成为一个问题（Noble，1981）。令人惊讶的是，很多研究发现，同样将蓝鳃太阳鱼和其他鱼类一起放养作为大嘴鲈鱼的饵料鱼，大嘴鲈鱼会先吃掉其他种类的饵料鱼，再捕食蓝鳃太阳鱼。

Howick和O'Brien（1983）对大嘴鲈鱼的摄食生态学进行详细的研究。他们发现大嘴鲈鱼能够定位饵料鱼的距离范围为：从小体形蓝鳃太阳鱼（体长3cm）的略大于40cm到大体形蓝鳃太阳鱼（体长8cm）的200cm。这些距离是在

3000lx 高光强度下测量而得的，当光强度降至 5lx 以下时，测量距离显著下降（见图 8 - 2）。在低光强度下鲈鱼常常能在较远的距离定位到体形较大的太阳鱼，这个距离比太阳鱼感知接近的鲈鱼距离更远。当太阳鱼尺寸较小时，这一结论不成立。鱼类生物学家很早就认识到饵料鱼能够生长到较大的尺寸，使得食鱼鱼类不再能够控制和消化它们（Lawrence，1957），但是 Howick 和 O'Brien（1983）发现还存在一个较小的鱼类体形尺寸，使得饵料鱼在被食鱼鱼类定位和攻击前，能够很好定位食鱼鱼类，并从中逃脱。

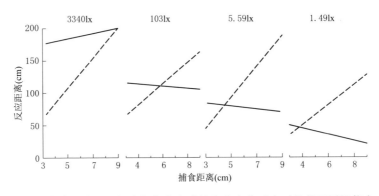

图 8 - 2　不同光线强度下蓝鳃太阳鱼和大嘴鲈鱼在定位对方时的相互可视能力。虚线表示 29cm 的大嘴鲈鱼定位不同尺寸蓝鳃太阳鱼的反应距离。实线表示不同尺寸蓝鳃太阳鱼在发现 29cm 的大嘴鲈鱼时的惊吓距离。当蓝鳃太阳鱼的尺寸比两条线的截距小时，蓝鳃太阳鱼能够在大嘴鲈鱼定位到它时先发现大嘴鲈鱼，相对安全地摆脱被捕食（在 Howick 和 O'Brien，1983 之后）

8.4　浊度对水库鱼类摄食的影响

高浓度的悬移粉沙和黏土是水库中最一致和普遍的现象之一，水库所表现出来的这种现象与天然湖泊不同。正如我们所知，粉沙和黏土会影响所有的营养级（食性层次）。最坏的情况是，悬移粉沙和黏土会堵塞鱼鳃导致鱼死亡，但在最坏效应出现之前，粉沙和黏土就会产生相当大的影响。正如前面章节（见第 6 章）指出的，粉沙和黏土会大大降低水库透光层的深度。很多天然湖泊的透光层达数十米深，而中等浊度水库的透光层在最好情况下也仅仅为数米。浊度严重限制了湖泊中靠视觉摄食的鱼类的捕食行为，使之无法有效寻找和攻击猎物。

浊度也降低了鱼类在透光层中的视力。Vinyard 和 O'Brien（1976）发现浊度在 30 JTU（很多水库的常见浊度）时，蓝鳃太阳鱼对 2mm 蚤状溞的反应距离降至 5cm，而在低浊度和适度光强条件下，该反应距离为 25cm（见图 8 - 3）。

这表明，在 2～3 JTU 和 30 JTU 两种浊度条件下，反应距离下降了 5 倍。然而，对蓝鳃太阳鱼觅食的实际影响更大，因为反应距离代表的仅仅是一个半球体搜寻空间的半径。因此，反应距离的 5 倍下降意味着搜寻空间下降超过了 100 倍。如果捕食率依赖于搜寻空间，而捕食视力如此显著的下降，在上述或者更高浊度水平下，也会阻碍视觉食鱼鱼类的捕食行为。

Janssen（1978）和 Drenner 等（1982）指出，一些以浮游生物为食的鱼类可以不用视觉定位，它们在游动时通过鳃过滤水，更为常见的是通过鳃将水吸入并滤出浮游生物。鲱科鱼、美洲真鲦、马鲅鲱鱼等鱼类就是采用后者的摄食方式。这种摄食方式可能较少受到高浊度的影响。毋庸置疑的是，在很多水库中表层鱼类主要以美洲真鲦为主。Drenner 和 McComas（1980）研究显示，如镖桡足类、秀体蚤属等具有优异逃脱能力的浮游动物，在滤食性鱼类大量出现时可能会受到青睐。

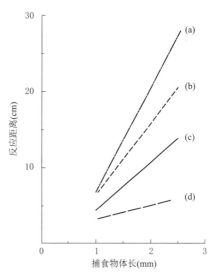

图 8-3　在不同浊度水平下（常数照明度 34.9 lx）蓝鳃太阳鱼对不同尺寸蚤状溞的反应距离。（a）表示 6.3 JTU 下的观测值，（b）表示 10 JTU 下的观测值，（c）表示 20 JTU 下的观测值，（d）表示 30 JTU 下的观测值。JTU 代表 Jackson 浊度单位（在 Vinyard 和 O'Brien，1976）

8.5　水库中的鱼产力

形态土壤指数（MEI）广泛应用于湖泊和水库中的鱼产力和鱼产量估算（Ryder，1982；Jenkins，1982）。这个指数是湖水中平均总溶解固体与水体平均深度的比值。一般来说，MEI 指数增加，鱼产力和鱼产量增加。当总溶解固体（TDS）较高或者平均水深较浅时，鱼产力较高。尽管该指标具有良好的预测能力，但潜在的生态机制仍不明晰。通常认为，可以通过 TDS 指示植物的基本营养量，通过平均水深指示水体依靠可见光和快速矿物循环处理这些营养物质的能力。因此，MEI 指数通过预测表层植物的生产力来指示鱼类的生产力，是鱼产力的良好指示指标。Adams 等人（1983）发现，尽管 MEI 指数给出了中西部地区 16 个水库鱼产力的合理预测值，但是这 16 个水库中 MEI 指数和浮游植物生产力之间并没有关系。可见尽管 *MEI* 指数对于估算鱼产力而言是一个有价值的经验指数，但它的作用机理仍不明晰。尽管如此，当 *MEI* 指数较低时，还是推断水库鱼产力很可能处于低水平。Youngs 和 Heimbuch（1982）指出，*MEI* 指数中最重要的组成参数是平均水深，可以进一步将指标简化并描述为鱼产力随着水库平均水深的增加而降低（Rawson，1952）。

水库鱼类生态的几个方面收到的评论比普遍观测更多，即当水库开始蓄水后，各种鱼类的生产力马上升高。然而通常情况下这些初始较高的生物量和鱼类生产力会在 5～20 年内下降，并在之后维持在一个较低水平［参见 Ploskey（1981）的文献回顾］。由于垂钓鱼、饵料鱼和其他鱼类生产力的下降，伴随而来的是垂钓业的衰退，这会使公众感到惋惜，鱼类生物学家也会试图阻止这种趋势。

新蓄水水库中鱼类如何生长，在自然条件下没有可以与之相类比的案例。湖沼学家几乎没有机会去研究一个完全新形成的湖泊。多数湖泊的形成过程是经历灾难性的地质时代，例如是在冰川运动、火山运动或地震时或者这些地质运动后形成的。即使湖沼学家经历了其中的某种地质运动时期，在自然条件下鱼类在一个完全新形成的湖泊拓殖也需要相当长一段时间，但是鱼类几乎总是可以马上在一个新蓄水的水库中繁衍。对于一个新形成的天然湖泊而言，在鱼类自然拓殖并达到像水库初始高生产力那样的水平，可能需要经过很长一段时间。可见在新水库中常观察到的"营养高潮"或者"生产力繁荣-萧条循环"现象是独特的，无自然可比性的，这使得解释这种现象更加困难。

由于水库蓄水淹没的大量土地富含营养物质，而水库后期的浮游生物必须依靠溪流或者河流的循环和输入，这就意味着水库生命周期中早期比后期的浮游植物生产力更高。然而相当多的证据表明水库营养物浓度水平在刚完成蓄水后更高（Dussart et al.，1972；Keith，1975；Nelson et al.，1978），且很多水库的营养物浓度在鱼类生产力开始下降后很长一段时期都维持着高水平（Mc-Cammon and von Geldem，1979）。

底栖无脊椎动物的早期生产力对于水库初始鱼产力而言可能更为重要。很多鱼类，尤其是垂钓鱼类的稚鱼，都以底栖生物为食。底栖无脊椎动物可利用淹没的陆生植物，Aggus（1971）发现，阿肯色州的比弗湖中，在淹没草本和灌木植被的地区底栖生物浓度很高，而 Applegate 和 Mullan（1967）发现，由于树木作为建筑材料被移除，比尔肖尔斯湖中几乎没有底栖生物。

新淹没的陆生植被可为鱼类提供良好的产卵场所，对于鱼类而言同样非常重要。在很多水库中，当鱼类可获取淹没植被这种结构类型时，其产卵行为将更为成功。

无论过程如何，当淹没的陆生植被的营养价值和结构完整性下降时，鱼类生产力也随之下降。因此，看起来新水库初始高水平的鱼产力依赖于淹没的陆生植被，因为淹没的陆生植被可为鱼类摄食的底栖无脊椎动物提供栖息地和食物，也可为鱼类提供产卵场所。随着淹没陆生植被的腐烂减少，水库生物量和鱼产力将大幅下降。而后，鱼产力只能依靠开阔水域的初级生产力，鱼类产卵则需利用水库中更为持久的结构，如岩石和卵石。

参考文献

Adams，S. M. , B. L. Kimmel, and G. R. Ploskey. 1983. Sources of organic matter for reservoir fish production：A trophic – dynamics analysis. Can. I. Fish. Aquat. Sci. 40：1480 – 1495.

Aggus，L. R. 1971. Summer benthos in newly flooded areas of Beaver Reservoirduring the second and third years of filling，1965 – 1966. Pages 139 – 152 in G. E. Hall，ed. Reservoir fisheries and limnology. Am. Fish. Soc. Spec. Publ. No. 8.

Aggus，L. R. and G. V. Elliott. 1975. Effects of cover and food on year – class strength of largemouth bass. Pages 317 – 322 in H. Clepper，ed. Black bass biology and management. Sport Fishing Institute，Washington，DC.

Allan. R. C. amd J. Romero. 1975. Underwater observations of largemouth bass spawning and survival in Lake Mead. Pages 104 – 112 in H. Clepper，ed. Black bass biology and management. Sport Fishing Institute，Washington，DC.

Applegate，R. L. and J. W. Mullan. 1967. Food of young largemouth bass

(Micropterus salmoides)，in a new and an old reservoir. Trans. Am. Fish. Soc. 96：74 – 77.

Benson，N. G. 1976. Water management and fish production in Missouri River main stem reservoirs. Pages 141 – 147 in J. F. Osborn and C. H. Allman，eds. Instream flow needs. Vol. 2. Am. Fish. Soc. ，Washington，DC.

Clady，M. D. and R. C. Summerfelt. 1979. Effectiveness of floating tire break- waters for inαeasing density of young largemouth bass in coves of an Oklahoma reservoir. Pages 38 – 39 in D. L. Johnson and R. A. Stein，eds. Response of fish to habitat structure in standing water. North Central Div. ，Am. Fish. Soc. Spec. Publ. 6.

Colle，D. E. and J. V. Shireman. 1980. Coefficients of condition for largemouth bass，bluegill，and redear sunfish in Hydrilla – infested lakes. Trans. Am. Fish. Soc. 100：521 – 531.

Cooper，W. E. and L. B. Crowder. 1979. Pattems of predation in simpleand complex environments. Pages 257 – 267 in H. Clepper，ed. Predator – prey sys- tems in fisheries management. Sport Fishing Inst. ，Washington，DC.

Drenner，R. W. and S. R. McComas. 1980. The roles of zooplankton escape ability and fish size selectivity in the selective feeding and impact of planktivorous fish. Pages 587 – 593 in W. C. Kerfoot，ed. Evolution and ecology of zooplankton communities. University Press of New England，Hanover，NH.

Drenner，R. W. ，W. J. O'Brien, and J. R. Mummert. 1982. Filter – feeding rates of Giz. 7. ard

Shad. Tra1U. Am. Fish. Soc. 111: 210 – 215.

Dussart, B. H. , K. F. Lagler, P. A. Larkin, T. Scudder, K. Szesztay, and G. F. White. 1972. Man – made lakes as modified ecosystems. SCOPE Rep. 2, Int. Council Sci. Unions, Paris, France. 76 pp.

Fabre, J. H. C. 1913. The life of the fty; with which are interspersed some chapters of autobiography. Dodd, Mead and Company, New York, NY. 477 pp. Tr. by Alexander Teixeiva de Mattos. Library of Congress QL 533 F2.

Fabre – Domerque, P. and E. Bietrix. 1897. Development de la sole (Solea vulgaris) . Bull. Mus. Nat. Hist. , Paris 3: 57 – 58.

Ginnelly, G. C. 1971. Investigation of factors limiting population growth of crappie. Fish. Res. Ariz. , 1970 – 1971. 15 pp.

Griffith, J. S. 1978. Effects of low temperature on the survival and behavior of τbreadfin Shad, Dorosoma petenense. Trans. Am. Fish. Soc. 107: 63 – 70.

Guillory, V. and R. D. Gasamay. 1978. Zoogeography of the Grass Carp in the United States. Trans. Am. Fish. Soc. 107: 105 – 118.

Hansen, D. F. 1951. Biology of the whitecrappie in Illinois. Illinois Natural History Bulletin 25: 211 – 265.

Hansen, M. J. and D. H. Wahl. 1981. Selection of small Daphnia pulex by yellow perch fry in Oneida Lake, New York. Trans. Am. Fish. Soc. 110: 64 – 71.

Hassler, T. J. 1970. Environmental influences on early development and yearclass strength of northern pike in lakes Oahe and Sharpe, South Dakota. Trans. Am. Fish. Soc. 99: 369 – 375.

Heman, M. L. 1965. Manipulation of fish populations through reservoir draw- down, with emphasis on Micropterus salmoides (Lacepede) . M. A. Thesis, Univ. of Missouri, Columbia, MO. 65 pp.

Howick, G. and W. J. O'Brien. 1983. Piscivorous feeding behavior oflargemouth bass: An experimental analysis. Trans. Am. Fish. Soc. 112: 508 – 516.

Hunter, J. R. 1979. The feeding behavior and ecology of marine fish larvae. In J. E. Bardach, ed. The physiological and behavioral manipulation of food fish as production and management tools.

Ivlev, V. S. 1961. Experimental ecology of the feeding of fishes. (Translated from the Russian.) Yale University Press, New Haven, CT.

Janssen, J. 1976. Feeding modes and prey size selection in the alewife (Alosa pseudoharengus) . J. Fish. Res. Bd. Canada 33: 1972 – 1975.

Janssen, J. 1978. Feeding – behavior repertoire of the alewife, Alosa pseudoharengus and the ciscoes Coregonus hoyi and C. artedii. J. Fish. Res. Bd. Canada 35: 249 – 253.

Jenkins, R. M. 1982. The morphoedaphic index and reservoir fish production. Trans. Am. Fish. 50c. 111: 133 – 140.

Johnson, R. P. 1963. Studies of the life history and ecology of the bigmouth buffalo, lctiobus cyrinellus (Valenciennes) . J. Fish. Res. Bd. of Canada 20: 1397 – 1429.

Keith, W. E. 1975. Management by water level manipulation. Pages 489 – 497 in H. Qepper, ed. Black bass biology and management. Sport Fishing Inst. , Washington, D. C.

Kramer, R. H. and L. L. Smith, Jr. 1962. Formation of year - classes in large- mouth bass. Trans. Am. Fish. 50c. 91; 29 - 41.

Lawrence, J. M. 1957. Estimated sizes of various forage fishes largemouth bass can swallow. Proc. 8. E. Assoc. Game Fish Comm. 11; 220 - 225.

Lerner, E. E. , D. J. Hull, D. R. Laughlin, D. L. Wagner, L A. Wilsmann, and F. C. Funk. 1977. Habitat partitioning in a freshwater fish community. J. Fish Res. Bd. Canada 34; 360 - 370.

Lillelund, K. 1967. Experimentelle untersuchungen uber den einflub carnivorer CycJopiden auf die sterblichkeit der fischbrut. Zeit f. Fischerei (N. F.) 15; 29 - 43.

Martin, R. G. and R. S. Campbell. 1953. The small fishes of Black River and Clearwater Lake, Missouri. Univ. Missouri Stud. 26; 45 - 66.

Martin, D. B. , L. J. Mengel, J. F. Novotony, and C. H. Walburg. 1981. Spring and summer water levels in a Missouri River reservoir; Effects on age - O fish and zooplankton. Trans. Am. Fish. Soc. 110; 370 - 381.

McCammon, G. W. and C. von Geldern, Jr. 197 . Predator - prey systems in large reservoirs. Pages 431 - 442 in H. Clepper, ed. Predator - prey systems in fishery management. Sport Fishing Institute, Washington, DC.

Nelson. R. W. , G. C. Horak, and J. E. Olson. 1978. Westem reservoir and stream habitat improvement handbook. Contract No. 14 - 16 - 0008 - 2151, U. S. Fish Wildl. Serv. , Washington, DC. 250 pp.

Ney, J. J. 1981. Evolution of forage - fish management in lakes and reservoirs. Trans. Am. Fish. 80c. 110; 725 - 728.

Nikolsky, G. V. 1963. The ecology of fishes. Academic Press, New York, NY. Noble, R. L. 1981. Management of forage fishes in impoundments of the southern United States. Trans. Am; Fish. 80c. 110; 738 - 750.

Ploskey, G. R. 1981. "Factors affecting fish production and fishing quality in new reservoirs, with guidance on timber clearing, basin preparation, and filling. " Technical Report E - 81 - 11, prepared by Fish and Wildlife Service, National Reservoir Research Program, U. S. Department of the Interior, for the U. S. Army Engineer Waterways Experiment Station, CE, Vicksburg, MS.

Ploskey, G. R. and R. M. Jenkins. 1980. Inventory of U. S. Reservoirs. U. S. Fish Wildl. Serv. , National Reservoir Research Program, Fayetteville, AK. 33 pp. (mimeo) .

Rawson, D. S. 1952. Mean depth and fish production of large lakes. Ecology 33; 513 - 521.

Ryder, R. A. 1982. The morphoedaphic index; Use, abuse, and fundamental concepts. Trans. Am. Fish. Soc. 111; 154 - 164.

Savino, J. F. and R. A. Stein. 1982. Predator - prey interaction between large- mouth bass and bluegills as influenced by simulated, submersed vegetation. Trans. Am. Fish. Soc. 111; 255 - 266.

Shirley, K. E. and A. K. Andrews. 1977. Growth, reproduction and mortality of largemouth bass during the first year of life in Lake Carl Blackwell, Oklahoma. Trans. Am. Fish. Soc.

106：590 – 595.

Vinyard，G. L. and W. J. O'Brien. 1976. Effectsof light and turbidity on the reactive distance of bluegill sunfish (Lepomis macrochirus) . J. Fish. Res. Bd. Canada 33：2845 – 2849.

Vogele，L. E. 1975. Reproduction of spotted bass in Bull Shoals Reservoir，Arkansas. Pages 1 – 21 in U. S. Fish Wildl. Serv. Tech. Pap. 84.

Walburg，C. H. 1977. Lake Francis Case，a Missouri River reservoir：Changes in the fish population in 1954 – 75，and suggestions for management. United States Fish and Wildlife Service Technical Paper 95.

Werner，E. E. ，D. J. Hall，D. R. Laughlin，D. J. Wagner，L. A. Wilsmann，and F. C. Funk. 1977. Habitat partitioning in a freshwater fish community. J. Fish. Res. Board Can. 34：360 – 370.

Youngs，W. D. and D. G. Heimbuch. 1982. Another consideration of the morphoedaphic index. Trans. Am. Fish. Soc. 111：151 – 153.

Zaret，T. M. 1981. Predation and freshwater communities. Yale University Press，New Haven，CT. 187 pp.

第 9 章　水库生态系统：总结与思考

ROBERT G. WETZEL

　　了解生物组分间的运作和功能连续性是当代生态学研究的首要目标之一。我们进行水库分析的一个基本前提是水库生态系统与天然湖泊生态系统有显著差异。在这类分析中，我认为最重要的是我们不要陷入 20 世纪 20—30 年代的误区中。由于我们当时对湖泊及其生物群的分析和描述处于萌芽阶段，仅有少数有洞察力的工作者对水库生态系统与天然湖泊间共性做了一些有益的尝试。不过，由于当时许多研究报告着重于水库生态系统与天然湖泊间微小的结构差异，所以对其共性的研究处于长期被打压的状态。湖泊类型学家对各种变量和转变中的情势研究扩大了我们对湖泊变化的认知，但也同时阻碍了我们对水生生态系统中存在的功能统一性（共性）的认知的进展。简而言之，在天然湖泊生态系统与水库生态系统中，差异性研究与相似性（共性）研究是相辅相成的，对于我们同等重要。

　　参与本书撰写的所有作者都认识到水库和天然湖泊之间有许多功能上的相似之处。然而，为了更有效地管理和利用水库，我们有必要在深谙人工生态系统和天然湖泊之间相似之处的同时，研究其结构差异从而更有效地管理和使用水库资源。对于一些水库生态系统过程，基本上可以从我们对天然湖泊过程的现有知识中得到理解。然而，未能认识到代谢功能和生物群落相互关系在水库和天然湖泊中的相似之处，只会造成水库生态系统研究中的冗余。

　　在接下来的篇幅中，我试图总结一下前面章节中所描述的水库和天然湖泊之间的主要结构差异，但在此还是需要强调一下我上文所说的生物功能相似性。通常这些差异只是过程强度强弱和反应速率快慢的问题。虽然这种说法也适用于贫营养型和富营养型天然湖泊生态系统之间的差异，但我们必须意识到系统管理的重要性，以及系统管理对水库过程和其速率方程的影响。由于水库结构和过程的多变性，我们往往需要在原本生态系统分析之上进行一些调整，以便有效区分水库与天然湖泊之间的差异和相似性。

9.1　水库与天然湖泊的差异与相似性

　　此前章节中关于水库生态系统主要特征的综述强调了它与天然湖泊生态系

统的许多结构性差异。其他著作（例如，Margalef，1975；Ryder，1978）也从类似的角度描述了这些差异（见表 9－1）。在这些对比中，大多数差异性与前一章的讨论是一致的。但有些特性则不然，特别是 Ryder 在他 1978 年所提出的观点。他的对比几乎完全基于鱼类生物学的立场，而不是基于整个完备的生态系统。此外，Ryder 的一些对比，虽然为研究提供了基础，但是在理论上经不住推敲，而且缺少数据支持。

表 9－1　　　　　　　　　　　　水库与天然湖泊特性/属性对比

特 性 / 属 性	水　　　　库	天 然 湖 泊
地理分布	主要分布于（北半球）南部非冰川地区	主要分布于北部冰川地区
气候	降雨量较少，蒸发量通常高于降雨量	降雨量通常超过蒸发损失
流域	通常为狭长的流域盆地，湖面面积较天然湖泊大	圆形湖盆，湖面面积较小
岸线发育	较好，不稳定	较差，稳定
水位波动	变化大，不规则	变化小，稳定
热分层	分层多变且不规则　在河流区和过渡区水深太浅，通常不分层　在湖泊区暂时分层	自然动态　通常为单循环或双循环
入流（上游来水）	大部分径流通过河流的高阶支流汇入水库，进入分层水域（形成表层流，层间流，底层流），水流通常沿着旧河床谷汇入	径流通过小支流（低阶）或分散水源汇入湖泊，入流进入分层水域小而分散
出流（下泄）	用水非常不规律，从表层或均温层（湖下层）取水下泄	相对稳定，表层水流出
换水率（水滞留时间）	换水周期短，多变（几天到几周），随表层水下泄而增加，均温层（湖下层）水下泄造成分层中断	换水周期长，相对稳定（一年到几年）
沉积物负荷	流域面积大，沉积物负荷高；河漫滩较大；三角洲较大，渠化，分级快	负荷低；三角洲小、宽，分级慢
沉积物沉淀	河流带沉积多，库中沉积指数下降，老河床谷沉积最多，沉积速率季节性差异大	沉积少，扩散有限，沉积速率季节性恒定
水中悬浮沉积物	悬浮物多且多变，黏土和粉土占比高，浊度高	悬浮物少，浊度低

续表

特性/属性	水 库	天 然 湖 泊
外源有机颗粒物	适中，洪水泛滥期间细有机颗粒物（fine POM）较多	少/非常少
水温	稍高（多为南方气候）	较低（集中分布在北方气候区）
溶解氧	溶解度稍低（温度较高），水平溶解度随入库流、下泄流、有机颗粒物负荷变化较大，变温层氧含量最小值比最大值更常见	溶解度稍高（温度较低），水平变化小，变温层氧含量最大值比最小值更常见
光线衰减	水平梯度（以千米为单位）为主，光线衰减不规则，在河流区和过渡区非生物源颗粒物造成的光衰减通常较强烈，在湖泊区透光带加深	垂直梯度（以米）为主，光线衰减多变，溶解性有机物和生物颗粒物造成光衰减较弱
外来营养输入	一般高于天然湖泊的外来营养输入（因为流域面积较大，人类活动较多，水位波动较大），而且输入量多变，往往不可预测	营养输入多变但相对好预测，这些外来营养输入也受到湿地/沿岸地带生物地球化学的影响所节制
营养动力学	水平梯度为主，取决于沉降速率、换水周期/滞留时间和流态，养分浓度随着距上游源头水的距离越远而降低，养分含量无规律	垂直梯度为主，通常内部营养物较少，尤其是在没有严重人为诱导的富营养化的湖泊中
溶解有机物（DOM）	来源以外来和库底沉积物为主，含量变化无规律，通常较高，以难降解DOM为主	来源以外来和沿岸湿地为主，含量相对恒定，通常较高，以难降解DOM为主
沿岸带/湿地	无规律，受大幅水位波动影响	主导初级生产，对调节湖中营养物、溶解有机物、颗粒有机物的含量至关重要
浮游植物	水平梯度，（单位体积内）初级生产力由上游水源至坝体递减，（单位面积内）初级生产力水平上相对恒定，主要依靠/受控于水库中光和无机营养物的限制	垂直梯度和季节性梯度为主，稍微有点水平梯度，主要依靠/受控于湖泊中光和无机营养物的限制
细菌型异养	在湖库中心区域，异养是和生物个体相关的，在河流区，水底细菌异养主导	多数湖泊中，湖底和沿岸湿地细菌异养主导

特 性 / 属 性	水 　 库	天 然 湖 泊
浮游动物	通常过渡区增量显著，水平方向上高度斑块化，颗粒碎屑（包括吸附的DOM）不定量地增加更多的浮游植物作为其主要食物来源	垂直梯度和季节性梯度为主，水平方向上适度斑块化，浮游植物为其主要食物来源
底栖动物	沿岸地带窄、不规则造成生物多样性低，生产力低至中；陆地植被被淹没初期，一般底栖动物较多	生物多样性中至高，生产力中至高
鱼产力	主要由温水物种组成，不同湖库间物种差异主要由最初已有或最初放养物种决定；产卵成功率不定（低水位，低成功率），泥沙淤积可能造成鱼卵死亡率增高，鱼类避难所的减少也会造成幼鱼的死亡；库区起初 5～20 年生产力较高，然后下降。在山区水库，偶尔库中会分两层，一层多为温水鱼，另一层为冷水鱼	由温水鱼和冷水鱼组成，湖中鱼类产卵成功率较好，鱼卵死亡率低，幼鱼成活率良好，生产力适中
生物群落关系	生物多样性低，生态位特化较广，物种自然增量选择为 r 选择；迁移-灭绝过程较快；被淹没初期的生产量高，之后慢慢减少	生态多样性高，生态位特化较窄，物种自然增量选择为 K 选择，保持相对稳定状态；迁移-灭绝过程较为漫长；生产力低至中，较为恒定
生态系统演替速度	演替过程与湖泊相似，但是速率更快，主要受人为对流域盆地的调控所影响	演替过程与水库相似，但是速率更慢

　　水库主要建于在大型天然湖泊稀疏或是不适宜（例如太咸）人类使用的地区。这些地区普遍的气候较天然湖泊中暖和，导致平均水温稍高，生长季节更长，降水量较少且蒸发损失大。此外，与许多天然湖泊相比，水库流域面积通常比自然湖面面积大得多。由于水库大都形成在河谷和流域盆地底部，水库盆地的形态（计量）通常呈狭长的树枝状。这些物理属性以许多复杂的方式影响着库区的生物生态过程（其中最重要的因素是光和营养物）。水库主要由高级数河流接收径流水，导致高能量侵蚀，大量沉积物、泥沙淤积，溶解相和颗粒相载荷广泛渗透到受体湖水中。由于入库水流主要是渠化的，能量损失少，也不会被生物活跃的湿地、沿岸地区所影响，所以入库径流量较大，与降水事件更直接相关，且入库水流（所携带的营养物、泥沙、溶解相和颗粒相荷载等）较天然湖泊延伸更远。所有这些性质导致营养物和沉积物荷载呈不规则的高脉

冲状。

　　水库中极端和不规则的水位波动通常由下列情况造成：洪水来水特性，不利于水土保持的土地利用方式，主要河道的渠化，防洪以及水力发电运行中大量的非常规取水。多种荷载产生倍增效应。库区中水位波动造成大面积的沉积物交替被淹没和暴露，很难形成肥沃高产的、稳定的湿地和沿岸植物群。河漫滩沉积物的侵蚀和再悬浮增加了流域水源沉积物的输入。沉积物在好氧和厌氧条件之间交替转换，从而增强了养分释放。多数水库周围湿地和沿岸地区生态群落的减少，有效地降低了水库中原本过多的养分，以及其物理筛分能力（Wetzel，1979，1983）。

　　在湖泊内，不规则动态的来水和快速、多变的冲刷速率显著地改变了生物群落的环境条件。一个水库可以被看作是一个非常动态的湖泊，其中很大一部分水体具有河流的生物学特征和功能。通常，水库的河流区类似于大型混浊的河流。这类河流流态为湍流，沉积物不稳定，高浊度，光线可利用性低。虽然营养物质可利用性高，但以上种种特性仍然阻碍了广泛的光合作用。尽管水库河流部分单位水体积的浮游植物初级生产力可能较高，但是与大型河流一样，有限的光带深度会降低单位面积生产力（Wetzel，1975；Minshall，1978；Bott，1983）。只有藻类湍流的、间歇性的再循环进入光区可以改善部分生产力的减少。随着水流从河流区过渡到湖泊区，浊度逐渐降低，透光带深度增加，单位面积初级生产力也随光线穿透深度和营养生成层深度的增加而增加。在水库湖泊区，营养限制（即营养物质的损失超过了其更新率，通常为低至中等生产力的天然湖泊特有属性）可以在不同程度上发生。在许多水库中，光照限制无疑是生产力的主导控制因素，正如许多多产的天然湖泊和河流一样。在许多情况下，水库的光线局限性主要来自黏土和粉土无机浊度。如在许多热带和亚热带水库中，当光线限制与高溶解有机质含量有关，量化的和选择性的光线限制在水库和天然湖泊中非常相似。

　　在天然湖泊中，营养物质的内部负荷通常较低，在水库中可能较高。大部分的内部营养负荷与不规则的来水和不规则下泄相关。这种不规则动态变化可以破坏热分层和氧合模式。在更稳定的天然湖泊中，热分层和氧合模式抑制了沉积营养物质释放和再分配。

　　在水库和湖泊中，外源溶解性有机物（DOM）的荷载通常是定量相似的。水库中无机颗粒沉积物的巨大沉降速率可以除去水中大量DOM，尽管这些颗粒中许多颗粒的吸附位点（吸着点）在到达湖泊之前可能已经饱和。外源颗粒有机物（POM）的加载通常是天然湖泊有机碳预算的一小部分（Wetzel，1983）。外源细颗粒有机物（POM）可能是水库有机负荷的重要组成部分，特别是在一连串的洪水和河漫滩在高水位淹没时。目前还不清楚这两种碎屑来源（吸附在悬浮颗粒上的细颗粒 POM 和 DOM）对面临有限的生物颗粒的微型消费者的意义。初步证据表明，碎屑增加，但不取代光合作用来源。

目前的证据表明，水库中细菌异养生产力类似于或仅稍高于天然湖泊中的细菌异养生产力（Wetzel，1983）。正如在大多数天然湖泊中，水库中的大部分细菌代谢在水底的沉积物中而不是在水层中。然而，由于湿地和沿海地区的发育有限以及细颗粒有机物（fine POM）的不规则高负荷，浮游细菌型异养可以在水库中发挥比在许多湖泊中更大的作用。附着颗粒生长的细菌可以作为水库微型消费者的补充食物来源，不过目前还不清楚它作为补充食物来源的重要性。在水库和天然水域中，浮游动物直接摄入的浮游细菌碳的比例，对比"微生物循环"中原生动物摄入的浮游细菌碳的比例，都不是很清楚。这个摄入比例在日常，以及季节性时间尺度上都是多变的。此外，浮游动物、原生动物和鞭毛虫在不同生态系统中随着时间的推移，对超微藻和蓝藻的摄取（Stockner and Antia，1986）也是可变的。在对"微生物环"在一些条件下具有的重要性做出任何一般性的陈述之前，还有很多工作尚待评估。我们要探讨的不是"微生物途径"是不是重要的问题，而是在不同条件下"微生物途径"的重要性。

此外，目前似乎还没有很好的证据表明，DOM 的藻类异养在光线有限的水库中，比天然湖泊更有效。藻类异养在能量转化上效率低下，这些植物很难适应与细菌的酶促竞争这些基质（被酶作用物）（Wetzel，1983）。

鱼类生物学和生产力在动态、不断变化的水库生态系统中具有高度的可变性。在水库形成后不久，我们通常可以观察到较高的鱼类生产力。这可能与较高的底栖动物生产力相关。由于栖息地变化较大以及新增淹没陆地植被间的避难所，导致底栖动物生产力提高。然而，这也与"营养激增"期间最初的高含量营养物质和有机质有关。在淹没之前，许多水库没有完全清除森林和灌木植被，特别是在河流地区。虽然有少量关于尚未倒伏的死树或植被根基对附生植物和底栖动物的营养重要性的定量数据，但许多定性的估计表明，这些基质和相关动物群可能是鱼类的主要食物来源（K. W. Thornton，个人通讯）。随着这些栖息地的衰落和衰退，鱼类的食物来源必须转向其他浮游类食物。高浊度可以减少对浮游动物类食物来源的视觉捕食。沿岸地区的水位波动大，淤积量大，掠食率高，往往造成鱼卵和幼鱼死亡率高。

水库生态系统的环境条件趋于大幅度、快速、不稳定的波动。在发生连续的重大干扰之前，生物数量增长和繁殖扩张的时间往往不足。这些不稳定性导致生物体的数量很少，但生物体生理耐受范围广（低多样性，少特性，能够快速增长）。正如在所有限制性压力环境中，适应生物体的生产力可能很高，通常高于在环境更稳定的湖泊中生物体的生产力。

9.2 进一步思考

水库的物理特征和所造成的生物结构特征显然与天然湖泊生态系统的一般特性截然不同。尽管如此，经过仔细研究，我得出了一个最重要的结论，即在基本的生态过程及其控制因素方面，水库与湖泊非常相似。过程调节参数在水库中以不规则和极端的方式调节水库，这在很大程度上扰乱了生物群的典型连续性和演替过程。这些极端事件将水库中的生物类型限制在那些具有广泛的生理耐受范围和广泛的行为适应性的物种上。不过，在水库和天然湖泊中，个体、群落和生态系统新陈代谢的基本过程是相同的。当我们更多地了解这两个生态系统群体的生理、行为和调节特性时，我相信我们对水库和湖泊过程的看法将会趋于一致，（而不是分歧）。

可预测性是建立在生物统一的基础上的，是理解湖泊学的一个首要目的。多数水库不规则和极端多变的物理特征使得我们在生物统一和生物秩序方面的普遍认知受到影响，同时在这些生态系统中的普遍管理技术也都受到了阻碍。这些不规则的特征为有效管理水库资源增加了分析负担。因此，为了预测生物和水质对于不规则的输入和调控的响应，需要很多单个水库的性质来获得合理敏感的预测信息。生物反应预测模型，主要依据天然湖泊的大型数据库开发，当应用于水库时，必须谨慎使用。过程响应是相同的，但输入变量比许多天然湖泊更复杂多变。

时间几乎是所有响应函数的关键因素。为了使大多数过程自然而然地发生，例如分层、沉淀、生物数量增长、竞争性排斥等，需要在相对不受干扰的情况下有足够长的时间。随着自然或调控条件变得更加不规则和不稳定，在被改变或被完全破坏之前，生物和水质反应会越来越不完整。结果是反应的连续性越来越混乱，互相依赖性降低，生物稳定性降低。尽管某些物理因素（如降水率）超出了水库管理的控制范围，但多数物理特征还是可以被有效地调节控制的（如下泄流量、分层-下泄关系、水资源更新率）。重视生物过程的复杂性能让我们更有效地管理多用途水库生态系统。

9.3 致谢

感谢 K. W. Thornoton 对本文观点的指导。多谢美国能源部的支持（EY-76-S-02-1599，COO-1599-222）。感谢密歇根州立大学 W. K. Kellogg 生物站第 495 号项目的贡献。

参考文献

Bott，T. L. 1983. Primary productivity in streams. Pages 29 – 53 in G. W. Minshall and J. R. Barnes，eds. Stream ecology：The testing of general ecological theory in stream ecosystems. Plenum，New York，NY.

Margalef，R. 1975. Typology of reservoirs. Verh. Internat. Veein. Limnol. 19：1841 – 1848.

Minshall，G. W. 1978. Autotrophy in stream ecosystems. BioScience 28：767 – 771.

Ryder，R. A. 1978. Ecological heterogeneity between north – temperate reservoirs and glacial lake systems due to differing succession rates and cultural uses. Verh. Internat. Verein. Limnol. 20：1568 – 1574.

Stockner，J. G. and N. J. Antia. 1986. Algal picoplankton from marine and freshwater ecosystems：A multidisciplinary perspective. Can J. Fish. Aquat. Sci. 43：2472 – 2503.

Wetzel，R. G. 1975. Primary production. Pages 230 – 247 in B. A. Whitton，ed. River ecology. Blackwell Scientific Publs. ，Oxford.

Wetzel，R. G. 1979. The role of the littoral zone and detritus in lake metabolism. Arch. Hydrobiol. Beih. Ergebn. Limnol. 13：145 – 161.

Wetzel，R. G. 1983. Limnology. 2nd Edition. Saunders College Publishing，Philadelphia，PA. 860 pp.